AF451637

LE
RETOUR AUX CHAMPS

ET

L'ENSEIGNEMENT AGRICOLE

DANS LES COLLÈGES CATHOLIQUES

PAR

LE P. JOSEPH BURNICHON

DE LA COMPAGNIE DE JÉSUS

EXTRAIT DES *ÉTUDES*

PARIS

VICTOR RETAUX ET FILS, ÉDITEURS

82, RUE BONAPARTE, 82

1894

PRIX DE LA BROCHURE

10 Exemplaires. 8 fr. »

25 — . . . . 18 fr. 75

50 — . . . . 35 fr. »

100 — . . . . 60 fr. »

Le port en plus.

LE
RETOUR AUX CHAMPS

S 8
850g

LE
RETOUR AUX CHAMPS

ET

L'ENSEIGNEMENT AGRICOLE

DANS LES COLLÈGES CATHOLIQUES

PAR

LE P. JOSEPH BURNICHON

DE LA COMPAGNIE DE JÉSUS

EXTRAIT DES *ÉTUDES*

PARIS

VICTOR RETAUX ET FILS, ÉDITEURS

82, RUE BONAPARTE, 82

1894

LE RETOUR AUX CHAMPS

CHAPITRE PREMIER

Que faire de nos fils? — L'encombrement des carrières libérales. — Saint-Cyr, Polytechnique. — Beaucoup d'appelés, peu d'élus. — Surabondance de fonctionnaires, d'avocats, de médecins. — Les familles riches renoncent pour leurs fils à l'honneur du sacerdoce. — La profession des « inutiles ». — Injuste dédain pour la carrière agricole. — Plus de places que de concurrents. — Il faut mettre l'agriculture *à la mode*. — C'est la mission de l'enseignement secondaire libre. — Il ne saurait rendre de plus grands services à la société et aux jeunes gens eux-mêmes.

Que faire de nos fils ?

— Voilà une question que l'on se pose dans bien des familles, et dans celles qui composent la clientèle des collèges catholiques, plus que dans les autres. La réponse n'est pas aisée. Le baccalauréat apparaît à l'horizon comme un premier but à atteindre. On fera donc des bacheliers, puisqu'il le faut ; on verra ensuite. Mais le baccalauréat n'est pas une carrière ; il faut de temps à autre se résigner à regarder au delà.

Or, c'est précisément pour le lendemain du baccalauréat que la question se pose impérieuse, obsédante. Le baccalauréat lui-même ne contribue pas peu à rendre plus difficile à résoudre pour les jeunes gens le problème de leur avenir. Le baccalauréat n'est plus en effet une porte réservée donnant à une élite l'accès aux bonnes places sur la scène du monde ; c'est un passage banal où la foule se presse, qui ne mène à rien parce qu'il mène à tout. L'enseignement classique traditionnel déversait déjà sur le pays une surabondance de bacheliers ; pour remédier au mal on a organisé l'enseignement secondaire moderne, dont les produits viennent s'ajouter à ceux de l'ancien. Contrairement aux prévisions de ses promoteurs, le nouvel enseignement n'a point déchargé son rival, ce qui eût été un bien ; il a seulement enflé le chiffre des diplômés de plusieurs milliers d'unités : ce qui pourrait être un mal[1].

Les deux sessions de 1893 ont fourni un contingent de plus de 35 000 candidats aux baccalauréats de toute dénomination et de tout grade. La moyenne des admissions, il est vrai, atteint à peine 50 pour 100, et d'autre part bon nombre des admis ne sont encore bacheliers qu'à moitié. L'effectif des bacheliers définitivement promus au cours de l'année est exactement de 7 542[2]. C'est un gros chiffre. Quand Bastiat écrivait, en 1851, un livre sous ce titre suggestif : *Baccalauréat et socialisme*, on était loin de là.

Le premier résultat de cette production excessive, c'est que les carrières plus ou moins libérales à la porte desquelles on demande un diplôme sont littéralement assiégées. Bornons-nous à deux exemples. Pour une promotion de 450, l'École de Saint-Cyr en est arrivée à compter 2 600 candidats, et l'École polytechnique au delà de 1 800 pour une promotion de 250. C'est dire que pour un admis il y a de 5 à 6 évincés. Il est vrai qu'un bon nombre de jeunes gens se présentent deux fois aux examens de Saint-Cyr, ce qui diminue d'autant la proportion de ceux qui restent sur le carreau. Néamoins c'est beaucoup d'appelés, mais peu d'élus. Et malgré tout, le nombre des coureurs de ces brillants *steeple-chase* va grandissant d'année en année. On sait que le chiffre de la promotion de Saint-Cyr vient d'être porté pour quelques années à 600. A supposer que celui des candidats ne monte pas au-dessus de 3 000, ce serait encore presque 5 refusés pour 1 admis. Mais il est bien sûr que les nouvelles épaulettes ne susciteront pas moins de concurrents que les anciens.

Voilà donc des milliers de jeunes gens brusquement obligés de changer de direction. Désorientés, las de cette lassitude profonde que laisse un travail intense suivi d'un échec, déçus et humiliés, il faut ou préparer quelque nouvel examen,

---

1. Cf. *Revue universitaire*, janvier 1894, p. 3.

2. Voir *Bulletin administratif de l'Instruction publique*, 1893. Supplément au n° 1091, pp. 1028-1048.

ou s'engager de prime saut dans quelque profession où l'on a toute chance d'être distancé par ceux qui s'y sont préparés de longue main.

Au reste, parmi les heureux élus du concours de l'École militaire, il y en a beaucoup qui y entrent sans une véritable vocation. On ne songe point à leur en faire un reproche. Ils se sont laissé entraîner par le courant du bon ton, ou simplement diriger par le désir de leurs parents. Aussi, pour un trop grand nombre de fils de famille, le stage d'officier est une manière honnête de passer les années de jeunesse qui s'écoulent entre la sortie du collège et le mariage. On a dit que le grade de capitaine est le carré de l'hypoténuse qui arrête le plus grand nombre. Dans l'armée, aussi bien que dans les diverses branches du fonctionnarisme, on avance surtout à l'ancienneté. Il faut beaucoup de mérite ou beaucoup de faveur pour percer. A défaut de l'un ou de l'autre, on fait son chemin à force de patience. Ce n'est pas la vertu dominante des officiers, de ceux surtout qui n'ont pas besoin de leur solde pour vivre. Aussi on ne compte plus ceux qui démissionnent de bonne heure. Les uns trouvent encore un emploi utile de leur vie; d'autres, le plus grand nombre peut-être, sont plus ou moins voués au désœuvrement.

L'encombrement est plus grand encore à l'entrée des carrières administratives. On sait que pour une place de surnuméraire il y a toujours vingt candidats, quand il n'y en a pas quarante.

C'est vraiment chose étrange que ce goût de la jeunesse pour la vie de bureau, avec la perspective reposante d'une existence toute faite, d'un avancement régulier, sans secousse, avec décoration à époque fixe et retraite à date non moins fixe, le tout à condition qu'on ne se soit pas attiré en chemin la disgrâce de ses chefs. Que cet idéal sourie aux têtes chenues, on le comprend ; que des adolescents s'y arrêtent dans leurs rêves d'avenir, c'est un symptôme fâcheux.

D'ailleurs cette béatitude est devenue l'apanage d'un parti. L'État réserve les innombrables places dont il dispose pour les nourrissons de l'Université. Les familles qui confient leurs enfants à l'enseignement libre n'y peuvent guère prétendre. Nous sommes plus tenté de les en féliciter que de les en plaindre. Si le mauvais vouloir du gouvernement à l'égard de tout ce qui porte une empreinte religieuse a pour effet de rejeter la jeunesse catholique dans les professions indépendantes, il faudra lui en savoir gré, et une fois de plus se sera vérifiée la parole des saints Livres : « Le salut nous vient de nos ennemis. »

Les Facultés de droit furent toujours un déversoir commode pour le flot d'étudiants qui sort chaque année des collèges, sans bien savoir de quel côté se tourner. Mais, comme le baccalauréat, le droit ouvre des carrières, il n'est pas une carrière.

Pour les jeunes gens riches, c'est sans doute un noble et utile passe-temps que l'étude du droit, — à condition qu'on l'étudie; — ils y puiseront des connaissances dont ils auront à faire usage un jour ou l'autre, et une formation intellectuelle précieuse en tout temps. Mais, pour ceux dont il doit être le gagne-pain, il faut qu'ils se sentent un talent bien marqué et un goût bien impérieux; sinon, mieux vaudrait chercher autre chose. Comme l'officier qui n'a que sa solde pour vivre, l'avocat qui ne peut compter que sur ses honoraires est dans une situation fausse, où les humiliations ne manquent pas et les tentations moins encore.

Nous avons à l'heure présente bien près de 8 000 étudiants en droit; ce qui garantit au pays un contingent annuel de 2 000 avocats environ. Combien sur le nombre iront grossir l'armée dangereuse des avocats sans cause? C'est dans ses rangs que se recrute en grande majorité la bande des *politiciens*, l'un des fléaux de l'État parlementaire.

La médecine est peut-être de toutes les professions libérales la seule où l'on puisse se faire place sans trop jouer des coudes. Encore M. le professeur Brouardel déclarait-il récemment que, en fait de médecins, l'offre dépasse depuis longtemps la demande. Mais il faut distinguer. Il y a surabondance de médecins dans les villes; il y a disette dans les campagnes. Comme les lettrés en général, Messieurs les médecins ne se trouvent bien qu'en ville; ils y affluent, et pour un qui réussit il y en a dix qui végètent. A la campagne un

médecin ne peut guère espérer se faire une position brillante
et lucrative ; peu d'argent à gagner et beaucoup de fatigue à
endurer. Mais si la carrière est modeste, elle est grandement honorable, et, à tout prendre, elle mériterait plus
que bien d'autres de fixer le choix d'un jeune homme qui
joint à des goûts simples le désir de se rendre utile. Mais
tout le monde n'a pas de goût pour la médecine.

Restent le commerce et l'industrie. Le préjugé traditionnel
éloigne encore de ces carrières les descendants des familles
aristocratiques. A tort, ou à raison ? Ce n'est pas ici le lieu
de discuter ce point délicat. Nous constatons seulement une
répugnance qui, sauf exceptions, paraît insurmontable, et
qui restreint d'autant, pour une catégorie assez considérable
de jeunes gens, le champ où se développeront leur activité
et leurs aptitudes.

D'ailleurs, dans les conditions actuelles du monde des
affaires, ce n'est pas trop pour y réussir d'un génie spécial,
dans la formation duquel l'hérédité semble avoir une bonne
part. En règle générale, pour faire un commerçant il faut
être fils de commerçant. Or, même dans ces familles vouées
au commerce depuis plusieurs générations, qui par leurs
traditions de loyauté et d'honneur constituent une véritable
aristocratie professionnelle, il semble que l'on voie se produire une sorte de lassitude et de découragement. Que de
fois, quand on parle de l'avenir, on entend des pères de famille
vous dire : Ce n'est plus tenable ; la concurrence sans frein
a créé des mœurs commerciales telles, que ce que nous pouvons souhaiter de mieux pour nos enfants, c'est de ne pas
suivre le même chemin que nous.

L'industrie a longtemps offert de magnifiques débouchés
aux talents et à la légitime ambition des jeunes hommes les
mieux doués soit du côté de la fortune, soit du côté de l'esprit. Un directeur d'entreprise, un chef d'usine, un ingénieur à la tête d'une exploitation, sont, par la force des choses,
des puissances sociales. Il y a peu de situations où un homme
de valeur puisse mieux donner sa mesure et qui lui permettent
d'exercer une influence plus étendue et plus profonde. Mais,
grâce à la propagande socialiste, l'avenir de l'industrie appa-

raît de plus en plus incertain, pour ne pas dire menaçant. Le savoir-faire, l'esprit d'initiative, la science technique, le travail acharné ne sont plus des garanties suffisantes de succès dans une profession où d'un jour à l'autre on peut se trouver engagé dans de formidables conflits. Le dernier numéro du *Bulletin de l'Office du travail* publie un document qui éclaire la question d'une lumière inquiétante : c'est le tableau des grèves qui ont éclaté pendant le mois d'avril; elles ont atteint 293 établissements industriels.

Pour beaucoup de raisons on peut dire que les beaux jours de l'industrie sont passés. Ceux qui voudront y faire leur chemin devront se munir d'une forte dose de courage et d'énergie, quelquefois même de dévouement. Comme par ailleurs il faut beaucoup d'argent pour fonder et beaucoup d'habileté pour diriger, la profession industrielle n'est pas de celles où l'on entre à volonté. Ce n'est pas de ce côté qu'on a le plus à craindre l'encombrement.

Nous ne parlons que pour mémoire de la carrière des lettres, des arts et des sciences. Là surtout il y a pléthore. Les coryphées de l'Université ne manquent pas une occasion de nous parler des quelque 5 000 étudiants que comptent aujourd'hui les Facultés des lettres et des sciences; c'est la gloire de la République ; car avant elle les professeurs prêchaient dans le désert. Malheureusement il y a un revers à cette belle médaille; le revers, c'est un surcroît de gens diplômés attendant des places, gorgés de littérature ou de mathématiques, mais mourant de faim, par suite mal contents et prêts pour toute sorte de besognes[1].

Des journalistes, des romanciers, des dramaturges, des peintres, des artistes, Dieu merci, ce n'est pas ce qui nous manque ; la France pourrait en céder à ses voisins sans s'appauvrir.

Un jeune homme qui n'est pas maudit des dieux ne s'em-

---

1. Il y a quelques semaines, le ministre de l'Instruction publique envoyait une circulaire à tous les recteurs d'Académie pour leur signaler le danger. « L'Université, dit à ce propos le *Temps*, ne sait plus que faire des licenciés qui frappent à sa porte. » Il y en a actuellement 436 qui postulent, et point de chaires à leur donner.

barque pas sur cette galère, à moins d'être emporté par une de ces vocations devant lesquelles les règles ordinaires de la sagesse ne sont plus de mise.

Soyez plutôt maçon....

En somme, quelque part qu'on regarde, on constate ceci : s'agit-il de ces positions toutes faites, où l'on entre par la porte d'un examen, après quoi il n'y a plus qu'à se laisser vivre? Ceux qui se ruent à l'assaut de ces forteresses enchantées s'appellent légions. Là où il y a moins de presse, c'est généralement que, pour parvenir, il faut disposer de capitaux intellectuels ou autres que le sort dispense d'une main avare.

*
* *

Et la question demeure : Que faire de nos fils? Dans quelle voie les pousser?

Autrefois il y avait une carrière très recherchée des familles du meilleur monde. Les cadets de la noblesse et de la magistrature se *faisaient d'Église* quand ils ne se faisaient pas d'épée. Était-ce toujours pour des motifs bien purs ? Ce qui permettrait d'en douter, c'est que cela a bien changé depuis que l'Église n'a plus de riches bénéfices à leur offrir.

Nous touchons ici à une question grave et délicate; nous laisserons la parole à nos évêques, mieux à même que personne de la juger. On peut dire que sur ce point ils sont unanimes; mais aucun ne s'est expliqué plus fréquemment ni avec une plus énergique franchise que l'illustre cardinal évêque de Poitiers, sur ce qu'il appelait « la question contemporaine ».

Parlons sans détour. Le sacerdoce, qui est le premier besoin, le premier rempart et le premier honneur des sociétés, n'a pas tant à réclamer auprès de ses adversaires qu'auprès de ceux qui se disent et qui sont réellement ses amis. Atteint par les uns dans l'exercice de ses droits, il est menacé par les autres dans son existence même. Disons tout. Le symptôme le plus grave de la situation, c'est que les classes qui s'intitulent volontiers classes dirigeantes, ont répudié pour leur compte le ministère ecclésiastique. D'heureuses mais trop rares exceptions ne

sauraient infirmer notre assertion : la vocation au sacerdoce est consi-
dérée en France, par le plus grand nombre des familles prépondé-
rantes, comme une vocation qui leur est étrangère, et l'exemption du
service religieux est devenue pour elles comme un apanage acquis à
leur condition. Tournez-vous vers la bourgeoisie ou la noblesse, vers
le commerce, l'industrie ou la finance, vers la grande ou la moyenne
propriété, vous trouverez partout le même préjugé. Sur ce point, les
familles chrétiennes se distinguent à peine des familles incroyantes, et
c'est un égal phénomène quand l'action extraordinaire de la grâce fait
surgir un prêtre du sein des unes comme des autres [1].

Cette déplorable abstention ne leur fait assurément pas
beaucoup d'honneur. M. de Montalembert lui-même déclarait un jour, en pleine Chambre des pairs, que c'était une honte
pour la noblesse française de donner si peu de ses fils à
l'Église devenue pauvre, elle qui les y poussait en si grand
nombre quand ils étaient sûrs d'y trouver des dignités et de
gros revenus.

Les graves avertissements n'ont pourtant pas manqué aux
classes favorisées de la fortune, et certes on ne pourra mé-
connaître une sorte d'intuition prophétique dans ces paroles
écrites il y a un demi-siècle : « Les riches et les puissants,
prenant la déplorable coutume de jeter des pierres carrées
sur le chemin qui mène aux autels, afin de mieux effrayer
les pieds délicats de leurs fils, seront bien étonnés, après un
certain temps, de voir les hautes influences sociales passées
aux mains des descendants du pauvre [1]. » N'insistons pas.
Nous ne voulons désobliger personne. Mais il est bien per-
mis de regretter — pour eux autant que pour l'Église — que
les jeunes gens de familles riches entrent seulement à titre
d'exception dans une carrière qui devrait pourtant séduire
les âmes généreuses, puisqu'elle est plus qu'aucune autre
la carrière du dévouement et de l'abnégation.

Arrêtés par l'embarras du choix, beaucoup prennent le
parti de ne pas choisir. La famille française, dans les classes aisées surtout, compte d'ordinaire, hélas! assez peu

1. Mgr Pie, *OEuvres épiscopales*, t. IX, p. 457 : Instruction pastorale pour
le carême de 1877.

2. *Lettre pastorale de Mgr Berteaud, évêque de Tulle, 16 décembre 1843.*

d'enfants, pour qu'ils puissent garder leur rang en partageant l'héritage paternel. Ils se sont de bonne heure accoutumés à cette perspective, et ils ont eu l'esprit assez avisé pour comprendre qu'ils n'avaient pas besoin de travailler. A quoi bon ? Je serai riche.

Il n'est pas rare même que cette prime d'encouragement soit positivement offerte par père et mère à la paresse de leurs précieux rejetons. Il faut bien décrocher vaille que vaille son baccalauréat, puisque ce parchemin est obligatoire pour les gens du bel air. Mais cela fait, on sera en règle avec la société, et à partir de ce moment on commencera cette vie élégante et sotte, où la grande préoccupation est de savoir à quoi l'on emploiera les heures qui ne sont pas prises par le sommeil ou les repas. Ainsi se recrute la profession des inutiles, la pire de toutes, après celle des malfaiteurs.

Une tendance louable de ce siècle, qui en a tant de mauvaises, est de réserver pour le travail une grande part d'estime, de faveur, d'autorité. L'opulence oisive peut exciter des jalousies et des colères, elle ne suffit pas à commander l'admiration. Dans notre société frondeuse et sceptique, le prestige de la fortune et des titres a besoin d'être soutenu par une certaine valeur personnelle. Les hommes qui se refusent à apporter leur quote-part d'activité au fonds commun sont laissés de côté ; leurs vertus elles-mêmes ne les sauvent pas de cette déchéance sociale. C'est malheureusement l'histoire d'une partie trop considérable de la vieille aristocratie française, dans laquelle, plus encore que dans les autres classes riches, on a pris ce que Mgr Bougaud appelait « la déplorable habitude de destiner ses enfants à ne rien faire ». Et le brillant écrivain ajoutait : « Née en 1830 d'un vif sentiment d'honneur devant lequel je m'incline, cette situation ne devait pas durer. Elle était déjà un malheur. Dans les fils et les petits-fils elle est devenue une faute,... en même temps qu'elle est pour eux une cause permanente et croissante d'affaiblissement[1]. »

C'est ainsi qu'on se laisse déposséder de son influence par des gens plus intrigants peut-être, mais aussi plus laborieux.

---

1. *Le grand péril de l'Église de France.* 3ᵉ édit., p. 80.

*
* *

N'y a-t-il donc pas d'autre parti à prendre ? Les professions libérales regorgent, les fonctions publiques sont inabordables, nombre de professions sont fermées en fait, sinon en droit, à qui n'appartient pas par ses origines à la corporation. Soit ; n'y a-t-il plus qu'à se croiser les bras et manger ses petites rentes ?

Non, il reste une profession noble et belle entre toutes, l'agriculture.

Là il y a des places à prendre, et, phénomène unique, plus de places que de concurrents. Car, malheureusement, ce n'est pas de ce côté que les bacheliers ont regardé dans leurs rêves d'avenir. Chose étrange, il semble que jusqu'ici l'agriculture n'avait pas même rang parmi les professions qu'un jeune homme bien élevé pouvait choisir. On devenait agriculteur sur le tard, après avoir été officier, marin, notaire ; après avoir été empereur, comme Dioclétien, ou seulement ministre, comme M. de Falloux. Mais de commencer par là, d'entrer de plain-pied dans la carrière agricole au sortir de ses études, de s'y préparer même dès le collège, c'est à quoi l'on n'avait guère songé.

Eh bien ! c'est cette profession qu'il faut relever d'un discrédit encore plus calamiteux qu'immérité. Si le mot n'éveillait des idées par trop légères, nous dirions volontiers que c'est cette profession qu'il faut *mettre à la mode*. Pour une fois cette capricieuse divinité serait une divinité bienfaisante.

Grâce à Dieu, on peut déjà constater un mouvement très prononcé en ce sens. Un ensemble de faits caractéristiques, de date récente, prouve que l'agriculture reprend faveur dans le pays, et spécialement auprès des classes dirigeantes. Citons en particulier la fondation de la *Société des Agriculteurs de France*, qui célébrait l'an dernier son vingt-cinquième anniversaire et qui compte sur ses listes une foule de noms des plus sonores ; la création, en 1876, de l'Institut agronomique de Paris, qui est une véritable Faculté d'agriculture ; l'impulsion donnée à l'enseignement agricole dans les écoles primaires officielles, avec plus d'ostentation, il est vrai, que de résultat ; enfin, et plus encore, la prodigieuse quantité de publications périodiques ou autres relatives aux différentes branches de l'agriculture. L'enseignement libre et catholique n'est pas resté en dehors de ce courant ; on pourrait même dire qu'il l'avait devancé. Les orphelinats et colonies agricoles sont des institutions dues à l'initiative des prêtres et des religieux. L'école de Beauvais, pour ne citer que celle-là, sous la direction des Frères des Écoles chrétiennes, n'a rien à envier aux établissements de Grignon, de Grand-Jouan et de Montpellier, entrenus par le budget. L'Institut catholique de Lille a lui aussi couronné l'œuvre en créant des chaires pour le haut enseignement agricole.

Le temps est venu pour les maisons d'enseignement secondaire d'entrer résolument dans cette voie. Nos collèges catholiques, depuis bientôt un demi-siècle, ont formé des légions d'avocats, de médecins, d'officiers, d'industriels et de commerçants ; on ne s'est guère préoccupé de préparer des agriculteurs. Il faudra qu'on y vienne. Nous avons sous les yeux une circulaire annonçant l'ouverture, à la rentrée prochaine, dans un grand collège de Paris [1], d'un cours préparatoire à l'Institut agronomique. C'est un bon exemple venu de bon lieu. Souhaitons qu'il ait de nombreux imitateurs.

Nous ne craignons pas de le dire bien haut : à l'heure présente les maîtres qui travaillent à l'éducation des enfants de familles aisées n'ont pas de meilleur service à rendre à la France et aux jeunes gens eux-mêmes que de les diriger autant qu'il sera en eux vers la carrière agricole. C'est une idée à laquelle on n'est point accoutumé, qui paraîtra hardie et contestable, mais qui nous est chère. Il nous semble même qu'il ne doit pas être trop malaisé de la faire partager à qui veut se donner la peine de réfléchir.

L'intérêt public doit passer avant tout autre. Examinons donc quel avantage il y aurait pour le pays à préparer le retour aux champs du plus grand nombre possible de jeunes gens appartenant aux classes élevées.

---

1. L'École de l'Immaculée-Conception à Paris-Vaugirard.

CHAPITRE II

Depuis les grandes migrations des Barbares, le monde n'avait pas vu un déplacement de population comparable à celui qui s'est accompli en notre siècle. A partir de 1830 surtout, on tend à déserter les campagnes pour s'entasser dans les villes.

Ici il faudrait laisser parler la statistique; malheureusement, en dépit de la précision apparente de ses conclusions, elles ne doivent être acceptées, la plupart du temps, que sous bénéfice d'inventaire. Le recensement de 1891, par exemple, classe comme population urbaine toute agglomération qui dépasse 2 000 âmes; il n'y a pas à faire fond sur les chiffres d'ensemble obtenus d'après cette manière de compter.

On admet communément que de 1846 à 1886 la proportion de la population rurale, qui était de 75 pour 100, est descendue à 66 pour 100. En chiffres ronds, les campagnes comptaient, en 1846, 26 millions d'habitants, et les villes 8 millions; en quarante ans, les campagnes sont descendues à 24 millions, tandis que les villes montaient à 13 millions. Or, la perte des campagnes est bien plus grande que celle qui ressort à première vue de ces chiffres. En effet, l'accroissement des villes par l'excédent des naissances sur les décès étant extrêmement faible, l'augmentation presque totale de leur population s'est faite au détriment des campagnes, lesquelles, sans cet écoulement perpétuel vers les villes, compteraient aujourd'hui de 28 à 29 millions d'habitants. C'est ainsi que Paris, qui avait en 1851, 1 053 000 habitants, en avait

2 447 957 au dénombrement de 1891. La banlieue, qui, au lendemain de la guerre franco-allemande, avait 368 000 habitants, en a maintenant 693 638. Ce qui fait un total de 3 141 595 habitants agglomérés dans le minuscule département de la Seine. D'après le dernier recensement quinquennal, ce chiffre accusait une augmentation de 180 506 sur celui de 1886, ce qui représente un afflux annuel de plus de 36 000 personnes, sur lesquelles Paris *intra muros* en absorbe plus de 20 000. Les autres grandes villes suivent le même mouvement ascensionnel. Les dix centres les plus populeux de France, après Paris, avaient en 1851 une population totale de 940 000 habitants. Ils en ont aujourd'hui 2 023 000 : plus du double.

Au reste, ce phénomène n'est point spécial à la France[1]. Dans toute l'Europe, aux États-Unis d'Amérique et jusqu'en Australie, les villes regorgent de population pendant que les campagnes s'appauvrissent. En Angleterre et en Allemagne, la proportion du contingent urbain, par rapport à la population totale, est même de beaucoup plus élevée que chez nous : 58 pour 100 en Angleterre, 42 pour 100 en Allemagne, et seulement 34 pour 100 en France. Mais le mal d'autrui ne guérit pas le nôtre.

On a beaucoup disserté sur les causes de cette émigration ;

---

[1]. Au début du siècle, en dehors de Londres, aucune ville d'Angleterre n'avait 100 000 habitants ; 5 seulement comptaient plus de 50 000 âmes. En 1891, 73 villes avaient une population supérieure à 50 000 habitants ; Londres avait dépassé le chiffre de 4 200 000 ; 3 autres villes renfermaient de 500 000 à 1 000 000 ; 5, de 250 000 à 500 000 ; 21 villes avaient plus de 100 000 âmes.

En Belgique, la population de Bruxelles a augmenté en 50 ans de 188 000 à 465 000. Tandis qu'en 1820, Vienne et ses faubourgs renfermaient 290 000 habitants, en 1890 le chiffre atteignait 1 700 000.

En Allemagne, la population des petites villes tend à diminuer, tandis qu'elle augmente dans les villes plus considérables... En moyenne, dans l'espace de dix-neuf ans, le nombre des habitants a triplé dans les grandes villes en Allemagne... Berlin avait en 1790, 150 000 habitants ; en 1858, 448 000 ; en 1890, 1 578 000, et à la fin de 1892, 1 652 000. L'accroissement de la population dans les faubourgs est plus rapide encore que dans la ville même. Elle y a presque doublé en dix ans. (A. Raffalovich, *Économiste français*, 19 mai 1894.)

on en découvre tous les jours de nouvelles. D'ailleurs, si elles sont nombreuses et d'ordres très divers, elles ne sont pas bien difficiles à saisir.

Les populations rurales ont été attirées en masse dans les villes par le développement de l'industrie et la création d'innombrables usines. L'appât de salaires plus élevés, qu'il croit trouver à la ville, exerce sur le travailleur des champs une fascination irrésistible. Ajoutez l'ambition du paysan qui veut faire de son fils un *monsieur*, le dégoût pour les rudes travaux des champs chez les adolescents qui ont réussi à l'école primaire, la vanité des jeunes gens et des jeunes filles qui aiment mieux être domestiques chez des bourgeois que de cultiver l'héritage paternel, les plaisirs faciles, l'assistance sous toutes ses formes organisée dans les villes, les voyages que l'on y a faits un jour ou l'autre et où l'on a été ébloui; enfin, et surtout peut-être, le service militaire, pendant lequel les jeunes ruraux ont fait connaissance avec les agréments de toute sorte prodigués aux citadins et qu'ils ne retrouveront plus au village : tout cela agit à la façon de pompes aspirantes qui épuisent les campagnes pour remplir les villes.

D'ailleurs les classes laborieuses ne sont pas seules à déserter les champs; les propriétaires sont partis les premiers. Si l'on voulait rechercher les origines de cet exode, il faudrait remonter au temps où la noblesse abandonnait ses terres pour les antichambres de la cour. Aujourd'hui le commerce, l'industrie, la vie de garnison et le fonctionnarisme condamnent fatalement au séjour des villes une foule de familles qui n'appartiennent point à la classe ouvrière. Beaucoup d'autres suivent. Du moment qu'on a quelque aisance et quelque éducation, il semble trop souvent qu'on se croie déplacé dans un village. Les commodités du bien-être bourgeois, plus encore peut-être les satisfactions de la curiosité, les visites, les spectacles, les bavardages, les mille riens de la vie mondaine qui remplissent une existence inoccupée, dont on s'est fait une habitude, une nécessité, faute de savoir vivre chez soi, autant de chaînes qui retiennent prisonniers en ville beaucoup de ceux qui ont quelques rentes et quelques loisirs. On veut bien aller à la campagne pendant la saison chaude, quand la ville n'est plus tenable; mais s'y établir à demeure, s'y enterrer parmi les paysans! Fi donc[1]!

Certaines gens se plaisent à voir, nous ne l'ignorons pas, dans les grandes agglomérations modernes, une conséquence, heureuse après tout, du développement de la civilisation. Elle n'aurait pas de témoignage plus éclatant que la grandeur et la splendeur des villes. Grâce à la facilité des communications, un plus grand nombre d'êtres humains pourraient vivre rapprochés, jouir des avantages de la société, et par leur contact même affiner leurs mœurs et stimuler l'activité de l'esprit.

C'est là un beau thème à amplifications; nous n'aurons garde de nous y engager. Remarquons seulement que l'argumentation servirait tout aussi justement à établir la thèse contraire.

La civilisation recevrait, en effet, un témoignage plus glorieux encore, si, grâce à la facilité des communications, la population, répartie d'une manière moins inégale sur tout le territoire, présentait partout le spectacle du progrès matériel et de la politesse des mœurs. Autrement il faudrait dire que l'extrême civilisation nous amène à l'état de certains pays singulièrement arriérés, la Turquie, par exemple, où, faute de sécurité, la population s'entasse dans les villes, avec le désert autour.

Laissons cette question quelque peu académique. Il est certain que, avec les proportions qu'elle a prises, la désertion systématique des campagnes, et par suite l'entassement de la population dans les grandes villes, est une calamité; il serait plus juste de dire, la source d'où toutes les autres calamités du pays découlent plus ou moins immédiatement.

---

1. Il va sans dire que cette règle, comme toute règle, admet des exceptions. Il y a encore beaucoup de familles aisées qui restent au village. Quand on parle de faits sociaux, les expressions les plus générales ne peuvent s'entendre que d'une universalité relative. Les campagnes sont désertées, surtout par les classes aisées; le phénomène est constaté dans l'Europe entière; tous les esprits sérieux le déplorent. Il est clair pourtant qu'il reste encore beaucoup de monde dans les campagnes.

M. Henri Baudrillart a écrit, sur les populations rurales de plusieurs des provinces de France, un ouvrage très documenté et très instructif. Rien ne ressemble moins à des églogues; l'auteur écrit en économiste qui cherche le fait et ne conclut que sur pièces probantes. Or, de toutes ces laborieuses études se dégage invariablement, dans l'esprit du lecteur, la même conclusion : Les populations rurales n'ont point tous les avantages, toutes les qualités, moins encore toutes les vertus ; elles ont été plus ou moins atteintes par le courant d'irréligion et d'immoralité déchaîné sur le pays; elles ont leurs défauts propres, elles souffrent de misères spéciales ; mais, en somme, elles n'ont rien à perdre à la comparaison avec les populations urbaines ; tout au contraire. Vigueur et solidité de la race, esprit d'ordre et d'épargne, respect des mœurs et de la famille, tout ce qui compose pour le pays la meilleure réserve de force et la véritable richesse se rencontre bien plus sûrement dans nos campagnes que dans nos villes.

On sait cela presque d'instinct; il n'en est pas moins utile d'en trouver la démonstration dans des livres consciencieux et savants, comme ceux dont nous parlons.

Certes, ce n'est pas au point de vue physique que l'on gagne à quitter les champs pour la ville. De tout temps, le citadin s'est donné le plaisir de dauber les manières lourdes et gauches du rural ; mais, avec sa robuste santé et la vigueur de ses muscles, le rural peut se consoler de son manque d'élégance. Somme toute, si en se regardant il doit être modeste, en se comparant, il a quelque raison d'être fier.

Le séjour des villes a toujours été une cause de dépérissement pour la race humaine; on a beau percer des boulevards et creuser des égouts, on atténue le mal, on ne le guérit pas. En dépit des progrès de l'hygiène, les agents de dégénérescence sévissent avec une tout autre intensité dans les villes les mieux pourvues que dans les campagnes. L'air qu'on y respire sert de véhicule à je ne sais quels poisons innomés qui opèrent lentement mais sûrement; le tempérament le meilleur en est fatalement débilité. Le catalogue est long des maladies dont les villes ont à peu près le monopole. L'anémie, cette plaie des races contemporaines, n'est guère connue des campagnards. La phtisie pulmonaire fait périr en moyenne deux cents personnes par semaine à Paris, la plupart dans un âge peu avancé. Certainement la mort ne prélèverait pas un tel tribut sur ces jeunes gens et ces jeunes filles s'ils eussent grandi aux champs.

C'est surtout dans le premier âge que se manifeste l'influence pernicieuse du séjour de la ville. On dirait que la plante humaine ne peut y prendre son développement normal. A part des exceptions qui ne prouvent rien, les enfants y sont pâles, fluets, presque toujours délicats, quand ils ne sont pas maladifs; et à cet égard les quartiers riches se distinguent à peine des faubourgs sordides. Ces jolies poupées aux longs cheveux, si bien attifées, objets de tant de soins et de caresses, n'ont ni meilleure mine ni plus de mollets [1] que les pauvres petits qui habitent les mansardes et vaguent dans les rues. Comparez à ces êtres chétifs les gars joufflus que vous rencontrez aux champs; on voit que cela pousse au grand air et au soleil du bon Dieu. Même au point de vue esthétique, auxquels donneriez-vous le prix? Les peintres classiques n'hésiteraient pas. Leurs petits anges aux formes plantureuses et rebondies ne furent jamais des citadins.

C'est aux conseils de revision qu'il faut demander le dernier mot sur l'influence désastreuse de la désertion des campagnes au profit des villes. Il y a tel grand centre, très riche et très prospère, que nous ne désignerons pas autrement, où l'on a dû déclarer plus ou moins incapables de service militaire 43 pour 100 des jeunes conscrits [2]. En règle générale, la proportion des réformés grandit avec l'importance des villes et le chiffre de leur population, surtout quand ce sont des centres industriels.

---

1. C'est là, paraît-il, le *criterium* de la santé dans le premier âge. Un des plus bruyants promoteurs de l'éducation physique, Philippe Daryl (*alias* Paschal Grousset) demande à cor et à cri que l'on fasse des *mollets* à ces pauvres enfants. (V. *Renaissance physique.*)

2. Ces *incapables* se répartissent en trois catégories : impropres à tout service militaire; ajournés avec obligation de se présenter l'année suivante ; versés dans les services auxiliaires.

Il faut avoir le courage de le dire : le progrès exagéré de
nos villes, dont nous sommes fiers, constitue un péril national, car il entraîne un affaiblissement de la puissance militaire du pays. La meilleure source de recrutement d'une
armée solide, endurante et disciplinée sera toujours dans
les saines et fortes races de paysans.

Le sujet de la plus douloureuse préoccupation pour notre
patriotisme, à l'heure présente, est assurément le fait révélé
par les statistiques de l'état civil. Voici trois années consé-
cutives que le chiffre des naissances est inférieur à celui des
décès. Pendant que tous nos voisins gagnent d'une année à
l'autre plusieurs centaines de mille habitants, notre population est en décroissance. Pour l'exercice de 1892, le dernier
dont les documents aient été publiés, l'excédent des décès
est de 20 041 ; mais M. Arsène Dumont démontre que, en te-
nant compte des étrangers, chez qui il y a au contraire excédent de naissances, la perte pour les Français doit être portée
à 27 658 [1].

Or, cette calamité nationale est surtout imputable aux
agglomérations urbaines. Certaines régions riches et même
très agricoles, spécialement deux groupes de départements,
en Gascogne et en Normandie, se distinguent, nous le savons,
par une natalité extrêmement faible, aussi bien à la campagne qu'à la ville ; mais ce qui est l'exception dans les campagnes est la règle dans les villes. D'après les statistiques de
1890, sur les 89 chefs-lieux de département, il y en a 80 où
le nombre des décès l'emporte sur celui des naissances, où
par conséquent la population ne se maintient, et à plus forte
raison n'augmente, que grâce à l'immigration rurale. Parmi
les villes de quelque importance, 3 seulement, Lille, Paris et
Saint-Étienne, ont un léger excédent de naissances.

Les classes aisées, pour lesquelles le séjour de la ville
est plus ou moins de rigueur, sont aussi celles qui se distinguent par leur pauvreté en enfants. M. Ch. Richet a dressé
un tableau des villes où la natalité est le plus faible ; voici la
réflexion dont il l'accompagne : « Toutes se caractérisent

1. *Revue scientifique*, 26 mai 1894, p. 666.

par ce fait que ce sont des villes bourgeoises, où il n'y a pas, où du moins il y a très peu d'ouvriers. Auch, Castres, Montauban, la Rochelle sont des villes de petits bourgeois, de braves rentiers ayant pignon sur rue, satisfaits de leur situation honnête et médiocre, n'ayant aucun souci de la grandeur nationale, préoccupés seulement de vivre dans une aisance modeste, et redoutant, à l'égal de la peste, une famille trop nombreuse, qui coûte si cher à élever et donne tant de soucis [1]. »

Même observation par rapport aux différents quartiers de Paris. M. Ch. Richet signale les six où la natalité est le plus élevée; ils comptent tous parmi les plus pauvres. En regard, il en place six autres où elle est extrêmement faible, oscillant entre 14 et 10 naissances par 1 000 habitants, à peine la moitié de la moyenne générale de la France ; ces quartiers sont ceux de la haute bourgeoisie et de l'aristocratie la plus titrée.

Voici, d'autre part, un petit tableau qui montre assez bien la situation respective de Paris et de la province par rapport au nombre des enfants dans les familles.

Par 100 ménages, on en compte :

	En France.	A Paris.
N'ayant pas d'enfants. .	20	33
Ayant 1 enfant.	24	30
— 3 enfants.	15	10
— 4 enfants.	9	4
— 5 enfants.	5	1,8
— 6 enfants.	3	0,7
— 7 enfants.	2	0,5 [2]

Si, malgré cette pénurie dans les familles, l'énorme agglomération parisienne présente cependant un léger excédent de naissances sur les décès, lequel atteint encore en 1892 le chiffre de 914, il est dû à la proportion absolument désolante des naissances naturelles, qui représentent plus de 25 pour 100 du chiffre total.

« En résumé, dit M. Ch. Richet, nous arrivons à ces con-

1. *La Réforme sociale*, 1891. T. I, p. 506.
2. *Revue rose*, 1888. T. II, p. 593.

clusions : 1.° La natalité française est faible partout.— 2° Elle est plus faible chez les ouvriers des villes que chez les ouvriers des campagnes. — 3° Elle est plus faible chez les bourgeois que chez les ouvriers des villes. »

Nous sommes donc en droit de conclure à notre tour que si la France se dépeuple, c'est, sans parler des autres raisons, que les villes sont trop peuplées. Que les causes de ce triste phénomène sévissent ailleurs que dans les villes, c'est malheureusement trop vrai, et nous ne l'avons point dissimulé. Un fait reste pourtant, c'est que, si peu élevé qu'il soit, il y a toujours accroissement dans l'ensemble de la population rurale, par excédent des naissances sur les décès.

*
* *

Funeste pour la santé et le développement de la race, l'entassement de la population dans les grandes villes l'est encore bien davantage au point de vue de la moralité.

Qui sait même si la cause la plus profonde, la plus active du dépérissement physique ne doit pas être cherchée dans le dérèglement des mœurs plutôt que dans les conditions hygiéniques toujours plus ou moins défectueuses de la vie urbaine ? Assurément il serait naïf de croire à la pureté idéale des mœurs chez les habitants des campagnes. Mais ils trouvent dans leur isolement même la meilleure sauvegarde contre les dangers, les occasions, les séductions qui se rencontrent à chaque pas dans les villes. La nature humaine est partout la même ; mais les ferments de corruption qu'elle recèle en son fond n'acquièrent toute leur énergie que par le rapprochement et le contact. Difficile et laborieuse même dans l'atmosphère paisible et salutaire des champs, la vertu devient presque impossible, tant elle demande d'héroïsme, dans une foule de situations très ordinaires au sein des grandes agglomérations. Nos bons curés de campagne le savent bien, et les parents chrétiens aussi ; et c'est le sujet de leur crève-cœur, quand ils voient s'éloigner jeunes gens et jeunes filles pour aller chercher à la ville du travail, des places ou des diplômes. On sait trop que, quand ils reviendront au pays, s'ils y reviennent, ils y apporteront d'autres exemples que ceux de la dévotion et de la modestie.

Ces choses sont banales à force d'être connues. Bornons-nous à signaler un fait.

La détestable institution du divorce, qui reflète assez bien l'état des mœurs publiques, demeure jusqu'ici le monopole des grands centres de population. Le dernier recensement annuel, celui de 1892, accuse un chiffre de 5 772 ménages détruits, le plus élevé qu'on ait encore vu. Le département de la Seine figure à lui seul pour 1 483, plus du quart de la totalité. Si la province était à la hauteur de la capitale, la France devrait compter au moins 18 000 divorces par an. Dieu merci, il y a des départements qui n'ont presque pas encore été atteints par l'invasion de cette lèpre, et en général les campagnes sont indemnes.

Mais, c'est peut-être au point de vue politique et social que l'abandon des campagnes au profit des villes fait aujourd'hui le plus sentir ses fâcheuses conséquences.

C'est en effet dans les grandes agglomérations ouvrières que les semences de désordre trouvent le terrain qui leur convient. C'est là que se fomentent les agitations et les émeutes. Il paraît manifeste que la plupart des villes les plus populeuses sont désormais plus ou moins acquises au socialisme ; partout les grandes villes sont devenues, grâce à la puissance du nombre, au rayonnement qu'elles exercent, à la licence et à l'audace des meneurs de foules, une menace perpétuelle pour l'ordre public. En réalité ce sont les populations rurales, moins inflammables et moins facilement accessibles, qui modèrent les élans aventureux des partis avancés et maintiennent l'équilibre de la machine sociale.

Les militants du socialisme le comprennent si bien, que dans leurs derniers congrès, spécialement à Zurich et à Marseille, ils se sont surtout préoccupés d'organiser la propagande de leurs doctrines dans les campagnes.

Enfin, la question a aussi son côté économique, et les problèmes qu'elle présente à ce point de vue sont certainement des plus compliqués et des plus redoutables.

La présence d'une portion considérable de la population accumulée sur quelques points du territoire n'est pas pour faci-

liter son alimentation. Le grand souci des empereurs romains
était de procurer des vivres aux habitants de Rome. Sans
doute les villes modernes ont pour leur approvisionnement
de bien autres facilités que l'antique capitale du monde. On a
tout à souhait, pourvu qu'on y mette le prix ; malheureusement, la vie y est toujours relativement fort chère. Tant que
le travail abonde et qu'il est bien rémunéré, tout va bien ;
mais les affaires ont leurs mauvais jours, et alors c'est le
chômage avec toutes ses suites ; c'est la misère, une misère
d'aspect spécial, plus triste, plus atroce que celle des pauvres de la campagne ; qui atteint, non des victimes isolées,
mais des groupes, souvent des masses populaires, livrées
par là même à toutes les dangereuses inspirations de la faim,
et dont il faut bien que les pouvoirs se préoccupent. Combien de révolutions ont commencé par là !

Indépendamment de ces crises qui deviennent de plus en
plus fréquentes et aiguës, l'excès de population agglomérée
crée pour le pays une source permanente de conflits et de
malaise.

Les habitants des villes ont intérêt à ce que l'on ouvre
toutes grandes les frontières à l'importation des produits agricoles de l'étranger ; c'est le moyen d'avoir la vie à
bon marché. L'agriculture nationale, avec les charges qui
pèsent sur elle, est hors d'état de soutenir cette concurrence. Elle réclame la protection. Les villes protestent ; on
veut les affamer au profit des grands propriétaires du sol ;
c'est la ruine de l'industrie. On se trouve ainsi enfermé dans
un cercle. Quelles que soient les péripéties de la lutte, elle
ne peut que nuire au bien général. Les désagréments et les
pertes qui en résultent aboutissent à dégoûter de plus en plus
de la terre ceux qui la possèdent. A ces domaines, qui lui
donnent tant de soucis et dont le revenu a baissé, le bourgeois préfère des valeurs mobilières, qui ne lui coûtent d'autre peine que de toucher ses coupons. Ainsi s'explique pour
une bonne part la dépréciation de la propriété agricole, et
par suite un amoindrissement de la fortune foncière, que
certains économistes portent à un chiffre formidable [1].

____

1. Voir *Soleil* du 4 mai.

Or, quels que soient les avantages de la fortune mobi-
lière, il n'est assurément pas bon, dans un pays comme le
nôtre, de lui sacrifier le développement de ses ressources
naturelles. Quand surtout les valeurs de portefeuille représentent des sommes prêtées à l'étranger pour perfectionner
ses armements et construire des chemins de fer, alors
qu'une partie du sol national est laissée à l'abandon, est-ce
que le patriotisme a lieu de se féliciter? La vraie science
économique elle-même, celle qui ne dédaigne pas les en-
seignements de l'histoire, a-t-elle le courage d'approuver
sans restriction cette assiette nouvelle donnée à la fortune des citoyens français? Sans doute la vie économique
des nations modernes est chose singulièrement délicate et
compliquée ; il faut se garder de juger à première vue. Pourtant, même après les transformations accomplies sur ce terrain en notre siècle, nous pensons que le mot du vieux Sully
reste encore vrai : « Labourage et pasturage sont les trésors
du Pérou et les mammelles de la France. »

Ainsi, à quelque point de vue qu'on se place, le dépeu-
plement des campagnes au profit des grandes villes apparaît
comme une source de difficultés, de dangers, même de ruines.

Ce n'est pas une plaie localisée dans une partie du
corps social ; c'est un mal profond qui atteint sa constitu-
tion intime, le débilite et l'expose aux catastrophes. La santé,
la moralité, l'ordre et la tranquillité, la solide richesse elle-
même sont également mis en péril. Il ne semble pas con-
forme à l'ordre de la Providence, ou, si l'on veut, à la nature
des choses, qu'une si forte proportion de créatures humaines
s'entassent aux mêmes lieux, délaissant la culture de la terre,
la première occupation donnée par Dieu à l'homme, la plus
indispensable et la plus salutaire pour le corps et pour
l'âme. De ce désordre essentiel pullulent toutes les misères :

> Hoc fonte derivata clades
> In patriam populumque fluxit.

On a dit que la question sociale est une question agricole.
Le mot est parfaitement juste. La question sociale est née

du progrès industriel qui a déraciné les populations des campagnes au profit des villes. Que l'on enraye l'émigration rurale, que l'on ramène aux champs ceux qui les ont quittés, que les villes à leur tour déversent sur les campagnes le trop plein de leur population, que les usines rendent à l'agriculture une bonne part des travailleurs qu'elles lui on enlevés, et la question sociale sera sinon pleinement résolue, du moins considérablement simplifiée.

* *

Et c'est pourquoi le grand remède au mal social de l'heure présente ce sera le *retour aux champs*.

Beaucoup de bonne volonté, de science et de talent se dépense à chercher la solution des problèmes douloureux et menaçants que présente l'état du monde industriel. Peut-être on oublie trop, ou du moins on ne met pas à sa place, la seule qui aille à la racine du mal et en dehors de laquelle toutes les autres ne seront jamais que des expédients d'une efficacité médiocre.

Et alors même que l'industrie ne voudrait ou ne pourrait rendre à l'agriculture les bras qu'elle emploie plus ou moins, il ne faudrait pas renoncer à ce spécifique, le *retour aux champs* ; il garderait encore son à-propos et sa vertu. Dans une foule de cas il serait à souhaiter que l'industrie elle-même émigrât vers la campagne. La plupart des raisons qui l'ont forcée à ses débuts de s'installer dans les villes ne subsistent plus aujourd'hui. Les grands centres ont naturellement été les premiers pourvus des nouvelles voies de communication; aujourd'hui que les chemins de fer couvrent le pays d'un réseau à mailles serrées, il y a tout avantage à reporter loin des villes l'outillage industriel : avantage pour l'industrie elle-même, car la vie étant moins chère à la campagne qu'à la ville, les salaires y sont aussi moins élevés; avantage pour la population ouvrière que l'on soustraira de la sorte aux influences néfastes du séjour de la ville ; avantage pour les villes elles-mêmes, pour lesquelles la présence des usines est une cause d'insalubrité que ne compensent pas les plus-values de l'octroi. Les hygiénistes sont unanimes à réclamer

ce transfert des établissements industriels à la campagne·
Au reste, le mouvement a déjà commencé, spécialement dans
le Dauphiné et dans tout le rayon de la fabrication lyonnaise.
Il en résulte une crise pénible pour la population ouvrière
dès longtemps accumulée dans la ville ; mais ce mal passager
ne doit pas nous empêcher de regarder comme un bien la
cause qui l'a produit.

Mais ce n'est pas sur les chefs d'industrie qu'il faut compter pour ramener aux champs leurs ouvriers devenus citadins. Aussi longtemps qu'ils y trouveront leur intérêt, ils
continueront à établir dans les grands centres leurs manu-
factures également fatales aux villes qu'elles empoisonnent
et aux campagnes qu'elles dépeuplent. Peut-être leur principale raison est-elle que la main-d'œuvre ne se trouve que
là. Ainsi nous tournons encore dans un cercle ; il faudrait installer l'industrie dans les campagnes pour y ramener les
populations ouvrières ; mais l'industrie ne peut s'installer
loin des populations ouvrières qui ont élu domicile dans les
villes et ne veulent plus en sortir.

Ceux qui doivent donner le signal du retour et entraîner
les autres, ce sont les grands propriétaires d'abord, puis les
jeunes gens de bonne famille doués de quelque fortune, intelligents et en quête d'une position sociale.

Les classes aisées, nous l'avons dit, ont été les premières
à déserter les champs ; c'est à elles de rebrousser chemin
les premières.

C'est bien ici surtout que tout effort sera vain, et toute exhor-
tation stérile, si l'on ne commence par prêcher d'exemple.
Tant que ceux qui possèdent la richesse s'obstineront à la
dépenser et souvent à la gaspiller dans les villes, ce ne sont
pas les masses ouvrières qui retourneront aux champs qu'elles
ont quittés ; l'expérience prouve que l'homme du peuple qui
a habité la ville ne revient presque jamais au village ; on verra
au contraire de nouveaux flots d'émigrants succéder aux
premiers.

Et c'est là un résultat fatal, point trop difficile à comprendre. D'abord l'affluence des gens riches à la ville y appelle
ceux qui ne le sont pas. Aux gens riches il faut des domes-

tiques, laquais, femmes de chambre, cuisiniers, etc.; puis il faut des bras pour tous les arts et métiers qui procurent le bien-être, le confortable et le luxe dont les gens riches ont besoin. D'ailleurs, là où il y a de l'argent qui se dépense les gens accourent pour en avoir leur part. En langage économique le capital suscite le travail; c'est une loi inéluctable. Par suite une personne riche qui abandonne le village pour s'établir en ville en entraîne avec elle plusieurs autres, et non pas seulement celles qui font ou feront partie de sa maison. Ici, comme dans tout grand phénomène économique, il y a ce que l'on voit et ce que l'on ne voit pas. Ce que l'on voit, c'est un monsieur qui va habiter la ville; ce qu'on ne voit pas, c'est deux, trois, peut-être dix paysans qui le suivront de plus ou moins près.

Par une raison inverse, l'absence du propriétaire tend à pousser hors de ses domaines la population qui y réside. L'agriculture, comme toute industrie, a besoin de capitaux; c'est même ce qui lui manque le plus à l'heure présente. Il faut de l'argent, ne fût-ce que pour réparer et entretenir; il faut des avances pour mettre en valeur les terres en friche, pour améliorer et étendre les cultures. Du moment que les revenus des fermes sont attendus en ville pour soutenir un train de vie bourgeoise, que d'autre part toutes les épargnes sont pompées par les fonds publics et les grandes entreprises industrielles, il arrive nécessairement que l'argent manque à la terre, et par suite la main-d'œuvre s'en retire.

Supposez au contraire le riche propriétaire s'installant à demeure sur son domaine. Non seulement cette population qui gravite autour de lui s'y transporte du même coup; mais l'argent, le grand moteur du travail, s'y introduit avec lui. Le propriétaire ne peut pas ne pas s'intéresser de façon ou d'autre à la terre sur laquelle il vit; il connaîtra ses besoins et se gardera de la ruiner, comme il n'arrive que trop souvent à ceux qui ne s'occupent de leurs domaines que pour en toucher les fermages. Il comprendra qu'il est de son intérêt de donner à la terre, afin d'en recevoir davantage. Surtout s'il exploite lui-même, il mettra en mouvement des capitaux qui se transformeront en bâtiments, en outillage agricole, en améliorations du sol et en conquêtes sur la jachère.

En somme, c'est une industrie créée, ou du moins ravivée et grandissante, qui retiendra sur place la main-d'œuvre et l'appellera du dehors.

Il paraît même évident que le riche a plus de pouvoir pour attirer la population aux champs que pour l'entraîner à sa suite dans les villes. Il dépend de tout grand propriétaire d'opérer le sauvetage d'une multitude de malheureux qui se perdent dans le gouffre des grandes villes, en les attachant à la terre, qui sera vraiment pour eux ce que le rivage est pour le naufragé.

C'est de quoi séduire tant d'hommes de cœur et de talent qui étudient, écrivent, font des discours, des congrès, même des œuvres, pour apporter quelque soulagement aux classes déshéritées.

C'est surtout de quoi tenter la nouvelle génération catholique éprise de la noble ambition de restaurer l'ordre social chrétien, si profondément troublé par un industrialisme excessif, qui traîne après soi tant de souffrances et tant de ruines.

Il faut ramener aux champs les populations qui les ont abandonnés, ou tout au moins il faut arrêter le courant d'émigration de la campagne vers la ville. Pour y réussir, il faut que ceux-là donnent l'exemple qui, par leur culture intellectuelle, leur rang dans la société, leur fortune, sont en mesure d'exercer de l'influence. Le salut est là.

Quand la noblesse et la haute bourgeoisie auront repris le chemin du village, quand les fils de famille, au lieu d'assiéger les bonnes places, ou de gaspiller leur santé et leur patrimoine dans les élégances et les niaiseries du monde *select*, iront faire valoir leurs terres, on aura préparé la réconciliation du capital et du travail. Tout sujet de querelle ne sera pas supprimé entre les contendants ; mais, pour sûr, ils seront plus près de s'entendre ; car le monde du capital sera plus humain et moins jouisseur, le monde du travail moins violent et plus raisonnable.

Fort bien, dira-t-on. L'intérêt du pays exige que les classes aisées fournissent de nombreuses recrues à la carrière agricole : cela est clair. Seulement, avant d'orienter nos enfants dans cette direction il y a une question à résoudre, celle de leur intérêt, à eux. L'agriculture est-elle une position sortable? Outre qu'on y mène une rude existence, d'aucuns prétendent que l'agriculture est devenue un méchant métier qui ne *paie* pas et où l'on se ruine à peu près infailliblement.

C'est ce qu'il nous faut examiner dans les chapitres suivants.

CHAPITRE III

Les fils de famille peuvent-ils se faire une position dans l'agriculture? — Objection tirée de l'état de crise où se débat l'agriculture française. — La crise n'est spéciale ni à la France ni à l'agriculture; c'est la crise de la propriété en général. — Résultat de la concurrence universelle et de l'élévation des salaires. — La part du capital dans les profits baisse; celle du travail monte. — Le remède est dans le progrès de l'agriculture. — Seuls les propriétaires riches et instruits peuvent le réaliser. — Les faits prouvent que la lutte n'est point impossible.

Peut-on se faire une position sortable dans l'agriculture? Si vous écoutez certaines plaintes, vous serez tenté de croire que c'est presque impossible. D'un bout du territoire à l'autre, on parle des souffrances de l'agriculture. Les produits ont peine à s'écouler; le prix n'est pas rémunérateur. Les fermiers ne payent pas ou payent mal; les baux de fermage baissent, et souvent on ne trouve même pas à louer la terre. On n'a pas oublié les quatre cents fermes du département de l'Aisne qui, en 1885, n'avaient pas trouvé preneur. Plus récemment, le pays a entendu les doléances des viticulteurs du Midi, embarrassés d'une récolte trop abondante qui ne se vendait pas.

Dans ces conditions, se faire agriculteur n'est-ce pas se condamner à végéter, peut-être même courir à la ruine?

Telle est la grosse objection qui se dresse comme un épouvantail au seuil de la carrière à laquelle nous voudrions voir la jeunesse catholique fournir des recrues. Nombre de pères de famille nous l'opposent comme une fin de non-recevoir. De fait, il serait bien superflu de pousser plus avant le plaidoyer, si l'on n'y répondait au préalable de façon à calmer de si légitimes inquiétudes.

L'objection repose sur un état de choses fort complexe. La réponse ne saurait elle-même être bien simple ni de tout point irréfutable; autrement, il y aurait lieu de s'en défier. En pareille matière, il ne faut pas attendre, et nous n'avons pas la prétention d'apporter des solutions précises et rigoureuses comme celles des théorèmes de géométrie.

Il faut bien remarquer d'abord que l'état de malaise que l'on a désigné sous le nom de crise agricole n'est point spécial à l'agriculture. Toutes les branches de l'industrie le subissent avec une intensité plus ou moins grande. Les manufacturiers et les commerçants sont aux prises avec les mêmes difficultés que ceux qui possèdent ou exploitent la terre, et ils font entendre les mêmes plaintes. Eux aussi voient augmenter leurs embarras et diminuer leurs profits. Il y a dix ans, un savant allemand, le Dr Rodolphe Meyer, publiait déjà sur ce sujet une étude dans laquelle il passait successivement en revue tous les grands États d'Europe et d'Amérique, et qu'il intitulait : *La Crise internationale de l'industrie et de l'agriculture*[1]. En France, nous avions eu, dès 1880, une vaste enquête parlementaire sur la situation pénible du pays au point de vue industriel et agricole. Il suit de là que si l'agriculture souffre, elle n'est pas seule à souffrir ; il n'est même nullement démontré qu'elle ait la plus lourde part des épreuves communes.

Et qu'on ne s'imagine pas qu'il s'agisse d'un phénomène accidentel et transitoire. La cause qui l'a produit ne permet pas cette illusion.

En effet, le malaise dont se plaint l'agriculture, comme l'industrie nationale, est dû, sinon exclusivement, au moins pour la plus grande part, à la concurrence que les peuples se font d'une extrémité à l'autre du monde devenu un marché unique. Nous avons eu une période de grande prospérité industrielle, parce que sur ce terrain la France, et plus encore l'Angleterre, étaient en avance sur les autres nations. Mais cela ne pouvait durer indéfiniment. Chaque pays d'Europe s'est muni de son outillage et tend de plus en plus, non seulement à se suffire, mais encore à supplanter hors de chez lui ceux qui furent ses fournisseurs. Cette concurrence entraîne fatalement l'avilissement des prix, suite inévitable d'une production exagérée. L'industrie souffre surtout de l'abondance de ses produits, qu'elle est obligée d'augmenter sans cesse, sous peine de ruine. On ne sait plus où écouler la masse des objets manufacturés.

---

1. Berlin, Bahr, 1885. Traduit et publié par l'*Association catholique.*

Et tel est, au fond, pour le dire en passant, le secret de cette belle ardeur dont l'Europe s'est éprise pour la création de colonies nouvelles. Ce que l'on cherche surtout, et l'on n'en fait pas mystère, ce sont des débouchés pour l'industrie, en langage vulgaire des gens à qui vendre les marchandises que les usines fabriquent sans relâche et dont on ne sait plus que faire.

L'Amérique s'est mise de la partie avec son activité dévorante et ses prodigieuses ressources. Pour elle, c'est par sa production agricole que, en quelques années, elle est devenue pour nos cultivateurs un rival redoutable. Les immenses territoires de l'Ouest, mis en culture de façon sommaire, ont envoyé en Europe des montagnes de blé qui, même grevé des frais de transport de plus en plus réduits, était offert chez nous à des prix beaucoup inférieurs au prix de revient du blé indigène. Ainsi des autres céréales, de la laine, de la soie, du bétail, etc. ; d'autant que, après les États-Unis, tous les pays neufs, l'Australie, l'Amérique du Sud, le Canada, entrent en ligne à leur tour.

Quand on parle de la prospérité agricole du temps de l'Empire, pour l'opposer à la détresse survenue sous le régime suivant, on oublie trop que le monde a marché très vite depuis trente ans. Pour ne citer qu'un chiffre, les États-Unis, qui récoltaient 60 millions d'hectolitres de froment en 1859, en ont produit, en 1891, 214 millions, dont presque la moitié a été expédiée en Europe.

Nous n'avons pas été les seuls à pâtir des progrès de l'étranger; la crise agricole a sévi en Angleterre plus durement qu'en France. En Amérique même, les vieux États de l'Est, les premiers colonisés, les plus populeux et les plus riches, ont été aussi les premières victimes du développement de leurs voisins. La culture y a été presque abandonnée.

Or, quels que soient les systèmes que l'on imagine pour se protéger contre l'invasion des produits du dehors, il est bien évident que désormais il y a, de l'autre côté de nos frontières, des rivaux avec lesquels nous devrons compter, toujours prêts à profiter de nos défaillances, et dont la concurrence ajoutée à celle du dedans ne nous permettra plus de travailler avec autant de tranquillité et de bénéfices que l'ont fait nos

pères ou nos grands-pères. A cet égard il en ira pour l'agriculture comme pour l'industrie. Il n'y a pas apparence que
se ralentisse la guerre que les nations civilisées se font sur le
terrain économique. Tout au contraire ; car la plupart des pays
étrangers en sont encore à leurs débuts. Et c'est pourquoi,
conclut le Dr Meyer, « la crise n'est point momentanée, mais
bien le symptôme d'une évolution irrésistible et durable ».

A quoi elle aboutira, c'est le problème de l'avenir et le
secret de Dieu. Mais, en attendant, il est manifeste que le
progrès matériel a pour corollaire une plus grande âpreté
dans la lutte pour la vie, ou, si l'on veut, une nécessité plus
rigoureuse de travailler pour vivre.

Une autre cause de la crise est le renchérissement de la
main-d'œuvre. C'est là encore un fait universel qui pèse sur
l'agriculture comme sur l'industrie. Sans être aussi élevés
que ceux de la main-d'œuvre industrielle, les salaires de
l'ouvrier agricole ont augmenté dans une forte proportion,
alors que la concurrence faisait diminuer la valeur des produits ; si bien que le bénéfice, rogné pour ainsi dire par les
deux bouts, menacerait d'être réduit à néant.

Cette nouvelle difficulté, aussi bien que la précédente, a
un caractère permanent. Nous sommes en face d'une loi que
les économistes énoncent ainsi : La part du capital dans les
profits baisse ; celle du travail monte. M. Leroy-Beaulieu a
écrit tout un livre sur ce double mouvement qui lui paraît
heureux de tout point ; car il amènerait sans secousse une
plus équitable répartition de la richesse [1].

Que la seconde partie de la formule soit vraie ou non, la
première du moins paraît incontestable. Le taux du revenu,
quelle qu'en soit la source, tend à descendre. Tous les rentiers le savent. L'élévation des salaires n'est assurément
pas l'unique cause du phénomène. L'abondance des capitaux en quête de placements, l'accumulation de l'épargne
dans les fonds d'État devaient fatalement entraîner cette
conséquence. Toujours est-il que, avec le même capital, avec

---

1. *Essai sur la répartition des richesses et la tendance à une moindre iné-
galité des conditions.* 3ᵉ édit., 1887. Paris, Guillaumin.

une fortune nominale plus grande même, on doit s'attendre
à toucher une rente moindre que par le passé. L'État français fait une conversion, et dans l'espace d'un matin ses
créanciers voient leurs revenus diminuer de 68 millions;
mais pour se consoler ils peuvent se dire qu'ils ne sont
pas moins riches qu'auparavant, car leurs titres ont gardé
la même valeur. Les capitaux engagés dans les entreprises
industrielles ou commerciales sont bien, eux aussi, obligés de supporter leur part de la réduction progressive
que la concurrence impose aux bénéfices. La propriété
agricole ne pouvait espérer échapper seule.

Aussi, d'après l'éminent économiste cité plus haut, ce n'est
point crise de l'industrie ni crise de l'agriculture qu'il faut
dire, mais crise de la propriété en général. La richesse du
pays n'a point cessé de s'accroître; mais « nous pensons,
dit-il, que sa distribution change ». Il y en a une part plus
grande pour ceux qui vivent de traitements et de salaires.
La fortune des classes aisées et opulentes, celle qui est repré-
sentée par des valeurs de bourse ou des biens fonciers, à la
considérer dans son ensemble, n'augmente pas depuis quinze
ans; elle tend plutôt à diminuer. Le taux de capitalisation
est plus élevé et donne l'illusion d'un accroissement, mais
le revenu reste ce qu'il était. « Une dot de 300 000 francs
par exemple, en 1890, ne représente guère un revenu plus
considérable qu'une dot de 220 000 francs en 1876 [1]. »

Telle est la situation qu'il ne faut pas perdre de vue, si
l'on ne veut pas se préparer de cruels mécomptes. Quelle
que soit la carrière qu'on embrasse, on doit s'attendre à
rencontrer une concurrence qui rendra le succès difficile.
Quelque emploi qu'on fasse de son avoir, il faut se résigner
à en tirer des profits modestes. Plus la fortune a une assiette
solide, plus faible sera le revenu. Cela est dans l'ordre.

Et quant à la propriété rurale en particulier, il semble
bien que pour ceux qui voudront se contenter d'en percevoir
la rente sous forme de loyer, ils se verront obligés d'abais-
ser de plus en plus leurs prétentions. Déjà dans certains

---

1. *L'Économiste français,* 1892, t. I, p. 99.

départements, et des plus agricoles, nombre de propriétaires offrent leurs terres sans autre charge que d'acquitter les impôts, et même à ces conditions ne trouvent pas de fermiers. Les paysans aiment mieux travailler à la journée avec un salaire assuré, que de courir les risques de l'exploitation.

Mais que conclure de là? Que le métier de propriétaire oisif est un méchant métier; que les champs se refusent à entretenir le luxe de la ville. Rien de plus. Après tout, ce ne serait peut-être pas un si grand mal.

Dieu merci, il ne s'ensuit nullement que l'agriculture soit une impasse sans horizon et sans issue. On y peut trouver un placement plus sûr pour ses capitaux et une rémunération aussi avantageuse pour son travail que dans le commerce, l'industrie et les professions libérales. Mille exemples le prouvent. Seulement il faudra changer de méthode ; il faudra s'intéresser à la terre autrement que pour débattre et toucher le prix de ses fermages; de propriétaire-rentier il faudra se faire, dans la plus large mesure possible, propriétaire-agriculteur. C'est là le salut, et pour l'agriculture et pour le propriétaire.

Il paraît bien démontré en effet que l'agriculture ne peut désormais donner de profits qu'à la condition d'être pratiquée d'une manière intelligente, savante même. Elle aussi doit subir la loi du progrès; c'est une question de vie ou de mort.

Du moment qu'on cultive son champ, non pour en tirer seulement sa subsistance et celle de sa famille, mais pour en vendre les produits, l'agriculture devient une industrie comme une autre, ou plutôt la première et la plus noble des industries; la ferme est une usine où l'on fabrique du blé et de la viande. Or, de nos jours, quelle est l'industrie qui peut se contenter des procédés primitifs d'autrefois ? Il faut que le manufacturier ait l'esprit sans cesse en éveil pour perfectionner son outillage, diminuer ses frais, tout en augmentant sa production, sous peine d'être distancé par ses rivaux. Il faut qu'il ait l'œil à tout, qu'il possède la technique de sa partie de manière à pouvoir personnellement se rendre compte de tout. S'il est obligé de s'en remettre à des intermédiaires, s'il abandonne à des contremaîtres la conduite de ses affaires, il est plus que probable qu'il aboutira à une catastrophe. L'industrie agricole ne demande ni moins d'activité ni moins de savoir. Si l'on veut s'en tenir aux vieux errements, on pourra végéter encore, mais la profession ne sera pas lucrative et on n'aura pas le droit de s'en plaindre.

Or, cette impulsion vers le mieux, cette direction intelligente, cette initiative hardie et féconde, on ne peut l'attendre en règle générale que du grand propriétaire. On sait combien le petit cultivateur est routinier ; comme a fait son père, ainsi il fait et fera. Ne lui en demandez pas davantage. Si quelque chose est capable de le décider à changer sa méthode, ce sera l'exemple de l'agriculteur instruit qui a osé et qui a réussi. D'ailleurs il est bien excusable. Pour faire des améliorations et réaliser un progrès, il faut de la science et de l'argent, deux choses qui se trouvent presque aussi difficilement l'une que l'autre chez le paysan. Il ne faut même pas compter beaucoup plus sur les riches fermiers, comme il en existe dans le centre et dans le nord, pour accomplir des réformes sérieuses et durables, parce que ce n'est pas d'ordinaire leur intérêt.

En définitive, si l'agriculture doit se relever et prospérer, ce sera par le fait d'une classe de propriétaires très instruits dans toutes les branches de la science professionnelle, disposant de ressources suffisantes pour mettre leurs exploitations en pleine valeur, et par-dessus tout résolus à payer de leur personne pour mener l'œuvre à bien [1].

Il y a beaucoup à faire ; il existe beaucoup de domaines plus ou moins délaissés, souvent fort mal tenus, et par suite ruineux pour les propriétaires comme pour les exploitants. Nous avons gagné à la culture 4 millions d'hectares depuis le commencement de ce siècle ; il en reste encore le double à conquérir sur la jachère, la lande ou le marécage. Nous avons réalisé de très grands progrès ; la production du

1. M. Leroy-Beaulieu fait observer que ce sont les grands propriétaires qui ont accompli par eux-mêmes ou rendu possibles tous les progrès en agriculture ; ce sont eux en particulier qui ont lutté contre le phylloxéra et l'ont vaincu, aussi bien que les autres fléaux, le mildew et l'oïdium, qui se sont abattus sur la vigne. « Les petits propriétaires regardaient faire, ébahis et sceptiques. » (*Économiste français*, 1892, t. II, p. 450.)

blé, par exemple, qui était en 1789 de 8 hectolitres en moyenne à l'hectare, est aujourd'hui montée à 16 hectolitres. Sans invoquer la moyenne de 25 hectolitres de l'Angleterre, qu'on nous jette mal à propos à la face, oubliant que l'Angleterre ne cultive qu'une faible portion de son territoire, la meilleure naturellement, il est certain que dans bien des endroits nous pouvons augmenter encore nos rendements par une meilleure culture[1]. Des savants sérieux chiffrent à plusieurs milliards l'augmentation de revenu agricole que la France pourrait obtenir sans efforts extraordinaires, rien qu'en réservant pour la terre une modeste part des capitaux qu'on enfouit dans les caisses publiques ou qu'on expose aux aléas des entreprises lointaines[2]. On cite à l'appui certains faits assurément très significatifs, tels que la mise en valeur des landes de Gascogne et la conquête par l'irrigation de 552 000 hectares de prairies, de 1862 à 1882, dans des régions presque désertes du plateau central. Voici d'autre part un petit livre avec ce titre suggestif : « Comme quoi la France pourrait nourrir 100 millions d'habitants[3]. » Dans la *France agricole*, M. Fernand Maurice se contente de 50 millions.

Quoi qu'il en soit de ces calculs où la spéculation tient sans doute une trop grande place, il paraît évident que le sol de la France, si admirablement partagée au point

1. M. Dehérain, le savant professeur du Muséum et de l'École de Grignon, a présenté à l'Exposition de 1889 le tableau des résultats obtenus en 1888 dans certaines exploitations des différentes régions agricoles de France. Voici les moyennes en hectolitres à l'hectare :

	Blé à épi carré.	Autres variétés.
Région méridionale . . .	29,1	20,1
Région centrale	36,2	27,2
Région septentrionale . .	48,8	41

« En comparant, ajoute le rapport, ces rendements aux 15 hectolitres produits habituellement en France, on voit quels progrès il reste à accomplir. » (*Travaux de la station agronomique de l'École d'agriculture de Grignon*, p. 27. Paris, Masson, 1889.)

2. Cf. *Revue scientifique*, 1891, t. I, p. 193. M. Chambrelent a fait cette estimation dans un mémoire présenté à l'Académie des sciences.

3. Par E. Gautier. Paris, Lecène.

de vue agricole, devrait au moins suffire à nourrir ses habitants. Or, bien loin de là, le chiffre de nos importations en denrées alimentaires seulement, et sans parler des autres produits du sol, surpasse annuellement de 600 à 800 millions celui de nos exportations. C'est un gros tribut payé à l'étranger, et dont il ne tiendrait qu'à nous de nous affranchir.

Les agriculteurs qui travaillent avec intelligence à cette œuvre patriotique peuvent fort bien y trouver leur compte. Malgré les difficultés de l'heure présente, la terre de France n'est point aussi ingrate pour ceux qui l'arrosent de leurs sueurs que certaines gens se plaisent à le dire.

Sans nous arrêter aux évaluations très diverses de la moyenne du rendement par le faire-valoir direct, que nous rencontrons çà et là dans les ouvrages spéciaux, évaluations assez vaines à notre avis, nous constatons que sur tous les points du territoire, dans les conditions les plus variées de terroir et de culture, il existe des exploitations agricoles dirigées avec habileté et persévérance, et qui donnent des résultats fort satisfaisants, brillants même parfois au point de vue financier. Le fait n'est pas rare dans l'agriculture industrielle, c'est-à-dire celle qui a pour but exclusif l'alimentation d'une industrie, comme par exemple, dans le Nord, la culture de la betterave sucrière. Mais d'autre part, ces entreprises sont sujettes à des secousses brusques et ruineuses qui compensent bien les avantages qu'on en peut retirer dans les périodes heureuses. Mieux vaut, à tout prendre, un établissement dont le produit soit moins dépendant de la spéculation. Jusque dans les régions les moins favorisées, l'agriculteur qui, avec des avances, possède la science et l'amour du métier, arrive à peu près infailliblement à tirer de son domaine un revenu qu'il trouverait difficilement ailleurs.

Ici il serait aisé d'accumuler les exemples ; les livres et revues d'agronomie ou d'économie sociale en sont pleins [1]. Je n'en veux citer qu'un seul, d'après M. Leroy-Beaulieu. Cet écrivain, positif autant qu'homme du monde, qui ne se

---

1. Voir en particulier dans la *Réforme sociale*, 1891, t. II, p. 902, l'histoire de l'exploitation créée en Bretagne par M. le comte de Lariboisière.

laisse jamais surprendre par l'enthousiasme, analyse avec une complaisance marquée, dans l'*Économiste] français*, l'histoire de la transformation d'un domaine très pauvre situé dans la partie montagneuse du Tarn. Il énumère les travaux accomplis, les pentes reboisées, les vallons asséchés, les terres drainées, les barrages construits, enfin les sommes absorbées par chaque opération. Bref, au bout d'une dizaine d'années, le propriétaire, M. Cormouls-Houlès, avait dépensé 340 000 francs ; la propriété, composée de 650 hectares, en avait coûté 170 000 ; mais le revenu net était quintuplé ; il représentait presque le 6 pour 100 de la totalité des sommes engagées.

Cet exemple, ajoute l'éminent professeur du Collège de France, mérite d'être cité. Il s'agit ici d'une terre pauvre et des cultures qu'elle comporte.... Ainsi il est démontré que, même en dehors des cultures industrielles, de grands propriétaires peuvent obtenir, par une exploitation intelligente et soignée, des résultats importants.

Certes on n'y recueille pas la fortune dans le sens mondain du mot ; mais il n'est pas indifférent qu'un industriel, comme occupation accessoire, ou que son fils, ayant hérité d'une fortune notable, puisse ainsi, dans des travaux très attachants, obtenir une rémunération convenable de ses efforts et être utile, tant directement que par l'exemple, à tout un vaste district [1]. »

Nous avons choisi à dessein cet essai d'exploitation agricole, parce qu'il est entrepris dans des conditions aussi défavorables que possible. Les terres sont pauvres, depuis longtemps à l'abandon ; elles exigent une mise de fonds considérable ; le propriétaire n'est point un agriculteur de profession ; il ne fait pas valoir directement, car il a établi sur son domaine quatre fermes ; et pourtant, en quelques années il obtient un revenu déjà fort beau et qui augmentera encore, puisque les 150 hectares de forêts reconstituées ne sauraient en si peu de temps avoir acquis toute leur valeur.

Il est donc bien prouvé par le plus péremptoire des arguments, l'argument du fait, que l'agriculture sait rémunérer les capitaux et les peines de ceux qui les lui consacrent avec libéralité et intelligence.

1. *Économiste français*, 1892. T. II, p. 451.

C'est tout ce que nous prétendons pour le moment, et nous sommes heureux d'invoquer à l'appui de cette opinion le nom du savant économiste dont personne ne conteste l'autorité.

Tel fils de famille, qui se verrait à la tête du demi-million représenté par le domaine dont il vient d'être question, se croirait riche et dispensé de travailler. Ses terres, sous le régime du fermage, lui donneraient peut-être 2 pour 100, — il y en a qui rendent plus, mais beaucoup aussi qui rendent moins ; — des bonnes valeurs de Bourse il tirerait 3 pour 100 ou à peu près. Soit, en mettant les choses au mieux, une rente ferme de 12 ou 15 000 francs. Supposez qu'il embrasse une carrière, quelle place lui vaudra le surplus de 3 ou 4 pour 100 que notre agriculteur a trouvé dans sa montagne ?

CHAPITRE IV

Le sort ae l'agriculture et des agriculteurs dépend non seulement du terroir et du climat, mais encore et dans une très large mesure du régime fiscal et économique du pays. Pour ne rien dire des autres, les lois douanières peuvent donner l'essor à la production agricole indigène ou l'étouffer sous le poids de la concurrence étrangère.

Nous n'avons point l'intention d'aborder ici l'éternelle discussion entre protectionnistes et libre-échangistes. Nous voulons seulement dégager de l'histoire de ces conflits une morale qui vient parfaitement à notre sujet.

L'immense majorité des grands journaux, les grandes revues et presque toutes les publications d'économie politique, prennent régulièrement parti dans ces querelles pour la libre entrée des denrées alimentaires, à l'encontre des réclamations des agriculteurs. A les entendre, il semblerait que l'opinion du pays se prononce très résolument contre les droits protecteurs. Rien ne prouve mieux à notre avis que trop souvent, bien loin de refléter l'opinion du pays, la presse tend au contraire à la façonner au gré de certains intérêts particuliers. En dépit de la presse, le Parlement a voté à de fortes majorités les droits sur l'importation des céréales. C'est que députés et sénateurs sentaient derrière eux la masse des électeurs ruraux.

Mais ce qu'il ne faut pas oublier, c'est que la presse, avec l'énorme puissance dont elle dispose, est en général à la dévotion de la bourgeoisie industrielle et financière qui la paye, et par suite instinctivement portée à sacrifier l'agri-

culture à l'industrie et à la finance. Le gouvernement lui-
même, dans l'état politique et social actuel, sera toujours
incliné fatalement à favoriser les agglomérations urbaines et
industrielles, au préjudice des populations rurales, moins
turbulentes et moins dangereuses, qui ne font ni grèves, ni
meetings, ni révolutions. Par conséquent, que l'agriculture
se défende elle-même ; elle n'obtiendra une législation qui
lui permette de vivre et de prospérer, que dans la mesure où
elle saura faire valoir ses droits.

Cette considération nous fournit la meilleure réponse aux
doléances de beaucoup de gens fort mal fondés à se plaindre
des souffrances de l'agriculture, dont ils sont responsables
pour leur part.

Tout le monde s'accorde à reconnaître que depuis un
demi-siècle les campagnes ont toujours été plus ou moins
sacrifiées par les pouvoirs publics; que les charges bud-
gétaires pèsent à proportion plus lourdement sur l'agriculture que sur les autres sources de la richesse nationale ;
que la protection et les faveurs ont été réservées presque
exclusivement pour l'industrie et le commerce. Et cependant la France est restée un pays essentiellement agricole;
le nombre des Français vivant de la culture des champs
s'élève à 17 698 000, soit 47 pour 100 de la population
totale. Dans un pays de suffrage universel, comment se fait-
il qu'une industrie qui, par l'importance de sa production et
surtout par le chiffre de son personnel, ne peut être com-
parée à aucune autre, ait été systématiquement négligée et ne
soit pas parvenue à imposer au pouvoir ses revendications les
plus légitimes ?

La cause principale de cet étrange phénomène ne serait-elle point dans l'indifférence des premiers intéressés,
je veux dire des grands propriétaires, qui, ne vivant point
sur leurs domaines, se trouvent fatalement et pour bien
des raisons hors d'état de défendre les intérêts de l'agriculture ?

Les deux tiers du territoire français, que l'on dit si mor-
celé, — ce qui est vrai pour une certaine portion, — sont
aux mains de 500 000 propriétaires; ce sont ceux-là qui,

pour la plupart, dépensent à la ville les revenus de la terre[1].
Le contingent total de l'*absentéisme* en France est évalué à
720 000 propriétaires, qui ne laissent vraisemblablement pas
la moitié du sol à ceux qui résident, cinq fois plus nombreux
pourtant, mais moins riches, moins instruits pour la plupart,
et par suite moins influents[2]. Ainsi privées de leurs chefs
naturels, sans cohésion et sans direction, il n'est pas éton-
nant que les classes agricoles aient pendant longtemps mal
défendu leur cause.

La législation a été pour beaucoup sans doute dans les
épreuves de l'agriculture, c'est incontestable ; mais avant
d'incriminer les pouvoirs publics, beaucoup de riches propriétaires ont à faire leur *meâ culpâ*, car l'oubli de leurs
devoirs n'a pas peu contribué à amener l'état de choses dont
ils sont victimes.

M. Demolins a fait sur la composition de la précédente
Chambre des députés une étude qui éclaire très bien cette
question. On y comptait 50 agriculteurs, auxquels on pouvait ajouter 22 grands propriétaires ruraux résidant presque
tous à Paris. En face de ce modeste effectif, il y avait 95 fonctionnaires et 270 représentants des professions libérales,
avocats, médecins, journalistes, financiers, professeurs,
notaires, pharmaciens, etc. C'est en somme par cette caste
que nous sommes gouvernés. Un certain nombre de ces députés sont, il est vrai, élus par des ruraux, mais ce n'est pas
toujours une garantie pour les intérêts agricoles. M. Demolins déclare carrément que « les grands propriétaires ne
doivent s'en prendre qu'à eux-mêmes de leur discrédit auprès du corps électoral.... Les populations, ne les voyant
plus, ne les connaissent plus et se désaffectionnent d'eux
justement. Elles trouvent qu'ils n'ont pas un titre suffisant à
être élus par le seul fait qu'ils exportent l'argent du pays
pour le dépenser dans les villes[3]. »

---

1. Il est vrai que dans ce chiffre figurent l'État, les communes et certains
établissements publics qui possèdent en diverses provinces des domaines
considérables par leur étendue sinon par leur valeur.

2. Cf. *La France agricole*, par Fernand Maurice, p.123.

3. V. *Réforme sociale*, janvier 1889, p. 17. Je n'oublierai pas, ajoute l'auteur, une scène à laquelle j'ai assisté chez Le Play. Au lendemain d'une élec-

— Ce n'est peut-être pas là toute la vérité, mais c'est la vérité.

Enfin, la leçon du malheur n'a pas été perdue ; les agriculteurs ont compris que pour sauvegarder leurs intérêts ils ne devaient compter que sur eux-mêmes. Ils se sont groupés, ont commencé à parler aussi haut que leurs concurrents ; ils ont obtenu déjà beaucoup, ils obtiendront davantage encore [1].

Un projet de loi vient d'être déposé par M. le comte de Pontbriand pour l'établissement des Chambres de l'agriculture sur le même pied que les Chambres de commerce et avec des attributions analogues. N'est-il pas surprenant qu'on s'avise si tard d'une chose si naturelle ? L'agriculture a pour elle le nombre ; en vertu du principe de l'État moderne, elle doit avoir la puissance.

Encore faut-il que l'armée agricole ne soit pas abandonnée par ses officiers. Si les propriétaires du sol étaient à leur poste et faisaient leur devoir, nous verrions bientôt se former un parti *agraire* qui serait en mesure d'imposer sa vo-

tion générale, un grand propriétaire du centre, candidat à la députation, vint le voir et annonça qu'il n'avait pas été élu. Cet échec lui paraissait d'autant plus dur, que son grand-père, son père et lui-même avaient jusque-là constamment représenté le pays. Aussi récriminait-il amèrement. Il s'en prenait à l'ingratitude du corps électoral, à la perversion des idées, au progrès des doctrines révolutionnaires. Le Play l'interrompit : « Monsieur le comte, lui dit-il, où résidait votre grand-père ? — Sur ses terres ; il ne venait presque jamais à Paris. — Votre père ? — Mon père, à la suite de son mariage, eut à Paris sa principale installation. — Et vous ? — Moi également. — Mais alors, reprit Le Play, avec sa brusquerie un peu rude, les plaintes que vous élevez contre vos électeurs ne me paraissent pas justifiées. Considérez qu'ils sont restés fidèles à votre père et à vous-même jusqu'à ce jour, bien que vous ayez cessé de résider parmi eux, de vous occuper de leurs intérêts, de dépenser dans le pays l'argent que vous retiriez du pays. A la longue ils se sont lassés ; ils ont fait choix d'un homme que du moins ils voyaient tous les jours, auquel ils pouvaient s'adresser lorsqu'ils avaient besoin d'assistance ou de conseil. Cet homme a pris votre place, parce que depuis deux générations vous l'aviez désertée. » — Je ne me souviens pas d'avoir revu chez Le Play ce député évincé.

1. Voir à ce sujet l'excellent livre de M. le comte de Rocquigny : *Les Syndicats agricoles*, et en particulier, au ch. ii, l'intervention des syndicats agricoles dans les dernières élections.

lonté dans les questions où les intérêts sont en conflit. Il ne devrait pas abuser de ses avantages. Mais si des lois sagement réparatrices faisaient un jour à l'agriculture une situation quelque peu privilégiée, si les populations trouvaient par suite leur avantage à rester aux champs et même à y revenir, il ne faudrait pas regarder comme une calamité nationale les quelques désagréments qui en résulteraient peut-être pour les grandes villes, non plus qu'une légère diminution de l'activité industrielle.

*
* *

Après la concurrence étrangère, après la politique et la législation, l'agriculture doit compter encore avec le commerce et la spéculation.

Sans doute le commerce est pour elle un allié naturel et obligatoire, mais un allié qui devient souvent un adversaire. On a beau dire que tous les grands intérêts nationaux sont solidaires les uns des autres ; ils sont bien aussi quelquefois en opposition, au moins pour un temps. Des ports marchands comme Marseille et le Havre, par où entre tout le blé que l'étranger nous envoie, ont manifestement avantage à ce que la terre de France en produise le moins possible ; une récolte manquée, qui ruine les agriculteurs, fera la fortune des armateurs. On a enfin obtenu le relèvement des droits ; mais pendant que le Parlement s'attardait en discussions passionnées, le commerce importait d'énormes quantités de céréales qui empêcheront pour longtemps les droits protecteurs de produire leur effet[1].

Ce n'est pas ici le lieu d'analyser le mécanisme compliqué

---

1. Pour obvier à cet inconvénient, les agriculteurs demandent l'établissement du *catenaccio*, système qui a précisément pour objet d'assurer aux lois douanières leur efficacité, qui fonctionne en Italie, en Allemagne, voire même en Angleterre. Rien ne semble plus juste et plus logique. Les grands journaux n'ont pas manqué cette occasion de témoigner leur sympathie pour les intérêts agricoles. Immédiatement les *Débats* et le *Temps*, de partir en guerre contre le *catenaccio*. La *Revue des Deux Mondes* fait une charge à fond ; et naturellement l'article est signé d'un commerçant de Marseille, M. Charles Roux, député (15 juin).

de ce qu'on appelle la haute spéculation commerciale. Tous les économistes nous affirment que c'est une nécessité et un bien ; il faut le croire. Mais il n'en est pas moins vrai que cette puissance anonyme et insaisissable fait peser sur la production agricole un joug bien lourd et quelquefois même bien tyrannique. Les cours sont établis, Dieu sait par quelles volontés, et il faut les subir. Il semble que du moins le consommateur devrait bénéficier de l'avilissement des prix imposé ainsi aux producteurs. Or, nous savons tous qu'il n'en est rien en réalité. Le fermier a beau vendre son bétail bon marché, nous payons la viande toujours aussi cher. Et il en est de même sur toute la ligne. Les maraîchers du Var ont porté naguère leurs doléances jusqu'au Parlement ; ils ne peuvent plus vivre avec leur industrie de primeurs, dont les prix baissent toujours. On ne s'en aperçoit guère aux Halles de Paris. Voici maintenant que, avec leur magnifique récolte de 1893, les viticulteurs du Midi ne font pas leurs frais ; ceux qui s'approvisionnent chez les marchands de vins ne s'en douteraient pas.

M. Méline a prouvé que le nombre de ces intermédiaires, grands ou petits, dont l'action tantôt occulte, tantôt visible, aboutit à enfler le prix des objets de première nécessité, sans profit pour le producteur, a augmenté de 100 pour 100 depuis quelques années et s'élève aujourd'hui à plus de 3 millions. Il y a évidemment excès, et il est hors de doute que l'agriculture peut se libérer d'une part notable du tribut prélevé tout à la fois sur elle-même et sur sa clientèle.

Des efforts sérieux ont été tentés dans ce but. Des sociétés ont avisé aux moyens de se passer des intermédiaires. Tout récemment encore les agriculteurs du sud-est ont créé à Lyon de vastes établissements pour la vente directe de leurs produits[1]. Ici il faut répéter une fois de plus : Que l'agriculture se défende elle-même. Ses plaies sont guérissables ; « il dépend d'elle d'y apporter remède » : c'est le titre d'un bon et solide article que publiait, il y a quelques années déjà, la *Revue des Institutions et du Droit*. Mais c'est

1. Dans l'ouvrage cité plus haut, M. de Rocquigny rapporte les tentatives analogues de plusieurs syndicats.

aux propriétaires, aux plus intelligents et aux plus riches, d'organiser la campagne et de conduire la lutte; à eux d'activer et de diriger ce grand mouvement vers l'association déjà si heureusement commencé, et qui est bien le meilleur gage du relèvement de l'agriculture.

*
* *

Nous avons loyalement étudié quelques-unes des causes principales du malaise qui pèse sur l'industrie agricole ; il y en a d'autres encore dont la triste efficacité n'est pas moindre peut-être ; celles-là sont d'ordre moral. Nous n'en parlerons point ici pour ne pas nous étendre outre mesure.

Au reste, cette nouvelle considération aboutirait à la même conclusion que les précédentes. Si l'agriculture souffre, c'est avant tout parce qu'elle a été dédaignée par les classes riches, et tout d'abord par la classe des propriétaires mêmes du sol, les premiers intéressés à sa prospérité. Ils ont trop oublié que la propriété impose des devoirs autant qu'elle confère de droits. Qu'ils résident sur leurs terres, qu'ils se mêlent d'une façon plus ou moins étroite à la vie agricole, qu'ils ne considèrent plus la profession d'agriculteur comme un pis-aller, à quoi on se résigne quand on ne peut être ni avocat ni fonctionnaire ; puis, qu'ils donnent l'exemple du travail, de l'ordre, de la simplicité, du respect des saintes lois de la famille et de la religion, et infailliblement on verra s'atténuer tous les virus qui entretiennent l'agriculture dans le marasme, les mauvaises mœurs aussi bien que les mauvaises lois.

A vrai dire, la grande objection à laquelle nous nous sommes proposé de répondre se retourne contre ceux qui la mettent en avant.

— Vous ne voulez pas donner vos fils à l'agriculture, parce que, dites-vous, on n'y fait pas de bonnes affaires.

— Mais si elles ne sont pas bonnes, c'est précisément parce que vous refusez d'y laisser entrer vos fils, après avoir refusé d'y entrer vous-mêmes. L'agriculture vous paye de votre abandon ; elle se montre avare parce que vous l'avez méprisée. Que les fils de bonne maison consentent à l'épouser ; l'alliance l'enrichira la première, et le jour viendra où elle les enrichira à son tour.

Dès maintenant, malgré sa détresse, l'agriculture est, au point de vue de la dot, au point de vue financier, veux-je dire, un parti qui en vaut un autre. Sans doute, pour parler comme M. Leroy-Beaulieu, on n'y trouve point la fortune *au sens mondain du mot*, la fortune rapide et brillante ; mais on y peut tout aussi bien qu'ailleurs réaliser de très honnêtes bénéfices. Les faits invoqués à l'encontre prouvent seulement qu'on n'y est pas à l'abri des accidents communs de l'humanité. Mais quelle est donc la carrière qui ne compte pas ses vaincus et ses naufragés, victimes des circonstances quelquefois, plus souvent de leurs fautes ou de leur incapacité ? L'œuvre de l'Hospitalité de nuit de Paris vient de publier son rapport annuel ; il renferme des tableaux vraiment instructifs. Parmi les quelque cent mille malheureux recueillis dans ces asiles au cours du dernier exercice, il y en a plus de 1 500 appartenant aux professions libérales.

A tout prendre, c'est encore dans l'agriculture que les catastrophes sont le moins fréquentes. Les agriculteurs montent plus rarement que d'autres dans le char de la fortune ; mais ils sont moins exposés aussi à être broyés sous ses roues. « Sur 100 industriels, dit M. E. Chevalier, il y en a 10 qui gagnent de l'argent, 50 végètent, 40 font faillite[1]. » Si la statistique est exacte, l'industrie est une méchante marâtre.

Certes, il s'en faut que l'agriculture soit aussi cruelle. A moins de calamités exceptionnelles, un homme sage ne s'y ruine point ; il vit convenablement, et conserve au moins sa fortune. C'est bien quelque chose. S'il est avisé, entreprenant et persévérant, il a toute chance de l'augmenter.

Il y a plus, car, selon l'opinion de gens très entendus en la matière, le moment est particulièrement favorable pour les jeunes gens qui voudraient se lancer dans l'industrie agricole. La dépréciation de la propriété rurale dans bien des provinces constitue pour les acquéreurs une avance considérable. La mise de fonds, les frais de premier établissement relativement

_____

1. *Réforme sociale*, juin 1894, p. 934.

peu élevés, leur garantissent par là même un revenu plus avantageux. En outre, les excès de la spéculation, les *krachs* qui en sont la conséquence, les mécomptes des rentiers, la baisse constante du taux de l'intérêt, le mouvement protectionniste universel, tous ces faits et d'autres encore préparent infailliblement un retour de faveur pour la vraie et solide richesse, le sol du pays.

Ceux qui ont pour eux l'avenir et qui auront assis leur fortune sur la terre se trouveront posséder la meilleure de toutes les valeurs.

CHAPITRE V

N'exagérons rien, et gardons-nous surtout d'édifier sur des pronostics une opulence qui pourrait n'être qu'un rêve. Nous disons que, tout compte fait, au point de vue pécuniaire, la profession d'agriculteur en vaut une autre. Rien de plus. Mais l'argent à gagner n'est pas le tout de la vie humaine, et il y a autre chose à considérer dans le choix d'une carrière. A supposer que les gros profits soient ailleurs, il nous semble que la carrière agricole offre, à d'autres égards, d'abondantes compensations.

Et d'abord, ce que l'on pourrait appeler la *vie large*. Le mot s'entend d'ordinaire dans un sens que l'Évangile condamne ; ce n'est pas celui que nous avons en vue. Qu'on veuille bien nous faire crédit un instant.

Il y a presque toujours dans le train de la vie bourgeoise, tel qu'on le mène à la ville, je ne sais quoi de parcimonieux et de mesquin. On est à l'étroit dans cette maison où l'on occupe un appartement qui ressemble à un compartiment dans un casier. On n'est pas moins à l'étroit dans son régime. Quand il faut payer au jour le jour, et les œufs, et la botte de légumes, et la tasse de lait, on est bien obligé de regarder à ce que l'on prend. D'ailleurs, il faut rogner sur le garde-manger pour monter la garde-robe. Un certain luxe obligatoire, la toilette, les réceptions, les plaisirs mondains, autant de fissures par où s'écoule insensiblement le plus clair du revenu. Combien de ces intérieurs bourgeois où l'on vit chichement pour pouvoir faire figure et garder son rang ! A la ville, dit-on, il est d'usage de retrancher sur le nécessaire pour donner au superflu.

Rappelons-nous le fils de famille dont nous parlions tantôt, avec le demi-million qui lui est échu. Le voilà marié et ins-

tallé à Paris; étant donné l'éducation, les habitudes, les re-
'lations que suppose son état de fortune, ses 12 ou 15 000 livres
de rente lui permettront tout au plus de joindre les deux
bouts, à condition d'être bien rangé, bien économe, de ne
jamais faire de folies. La chose étant fort difficile, il est plus
que probable qu'il fera des dettes, vendra ses terres et se
ruinera. C'est l'histoire de tous les jours. Propriétaire d'un
domaine de cette valeur qu'il exploiterait, il pourrait vivre
royalement. Il n'en faut pas tant à un agriculteur pour mener
une *vie large*.

Ce train de maison où on ne lésine pas sur le convenable,
précisément parce que la vanité et la fantaisie ne prélèvent pas
leur tribut ruineux, parce que, d'autre part, la métairie, le
jardin, la basse-cour, fournissent toujours leur appoint à la
table de famille, c'est chez l'agriculteur qu'on le trouve,
c'est à la ferme même, plus souvent peut-être que dans les
appartements dorés. Le plaisir n'en est pas absent; mais au
lieu de bals et de spectacles à la lumière du gaz, dans l'atmosphère anémiante des salons ou des théâtres, on a les parties
de chasse au grand air, les réunions entre amis et voisins,
qui ont une tout autre saveur que la double corvée de visites
à rendre et à recevoir quand on habite la ville. Ce n'est qu'à
la campagne que l'on connait le charme exquis de *voisiner*.

Grâce à cette facilité de vie, l'agriculteur peut élever sa
famille, fût-elle même nombreuse. Dans les conditions actuelles de l'existence bourgeoise à la ville, les enfants sont
toujours un gros embarras; si leur chiffre dépasse un certain
maximum imposé par l'usage, la charge devient moralement
intolérable. Certains propriétaires refusent les locataires
affligés de famille. Les enfants crient, pleurent, font du
tapage; cela gêne les voisins et déprécie l'immeuble.

C'est de quoi expliquer, sinon justifier, la désolante disette
d'enfants dans un si grand nombre de ménages urbains, où
pourtant l'aisance ne manque pas et qui paient fort cher le
peu d'espace qu'ils occupent. Malheureusement, nous le savons bien, les villes ne sont pas seules atteintes de cette
plaie. Mais du moins ce n'est pas pour ainsi dire fatalement et
par la force des choses que la famille du propriétaire agricul-

teur sera comprimée et réduite à sa plus simple expression, comme l'est celle du bourgeois citadin. Il y aura toujours place sur la pelouse pour les bambins, quel que soit leur nombre. On n'aura pas à craindre que leur tapage trouble le travail de Monsieur dans son cabinet, non plus que les conversations de Madame au salon ; ils pourront prendre leurs ébats sans qu'on ait à trembler pour leur toilette, pour les tapis ou pour les meubles. Pour peu que l'on ait les goûts simples, si naturels à ceux qui vivent aux champs, toute la maisonnée pourra se dilater et s'épanouir, sans qu'il y ait trop de gêne au logis.

N'y eût-il pas d'autre avantage dans la carrière agricole, elle mériterait pour cela seul une place de choix dans notre estime. Nulle autre ne permet au même degré le libre développement de la famille selon l'ordre de la Providence ; nulle autre ne rend au père et à la mère leur fardeau plus supportable ni leur mission plus aisée. Et c'est pourquoi, il ne faut pas hésiter à le dire, nulle part on ne trouvera plus de garantie pour la pureté des mœurs, pour la dignité de la vie, pour l'ordre et la paix du foyer, pour l'honneur du nom que l'on porte, et nous ajouterons même pour la fidélité à la religion. Il semble que l'agriculture soit, comme l'âme humaine, naturellement chrétienne. Quand nous verrons nos jeunes gens se faire agriculteurs au sortir du collège, nous ne craindrons plus pour leur foi.

Chose bien digne de remarque, on dirait que l'argent lui-même perd dans le salubre métier de l'agriculture sa puissance pernicieuse sur le cœur humain. Toute règle a ses exceptions, mais ce n'est pas d'ordinaire l'homme qui fait valoir ses domaines que l'on verra étaler l'insolence d'un luxe déraisonnable ni s'adonner à un sensualisme que la fortune traîne si volontiers après elle. « L'agriculture, dit M. de Falloux dans ses charmants souvenirs du Bourg-d'Iré, ne corrompt point ceux qu'elle enrichit. » Il semble que Dieu ait désinfecté l'argent en aidant l'homme des champs à le gagner.

Il n'est aucune position sociale où l'on ne trouve l'occasion de faire du bien ; chacun en fait en proportion de l'intelli-

gence et de la charité qu'il y sait mettre. Mais il semble que
la carrière agricole soit, à l'heure présente, celle où l'on
peut le plus aisément, sans aucune sorte d'héroïsme, par le
seul ascendant de la supériorité que l'on tient de la fortune
et de l'éducation, exercer autour de soi une profonde et très
salutaire influence. Que de services est capable de rendre
un agriculteur riche et instruit aux populations des campagnes, souvent si délaissées, si peu éclairées en dépit du progrès des lumières, si ignorantes en plein siècle du savoir, et
par suite si exposées à devenir la proie des intrigants et des
pervers ! C'est lui qui prendra l'initiative des améliorations
et des progrès, lui qui montrera ce que l'on peut obtenir par
des méthodes meilleures, lui encore qui poussera à la fondation d'un syndicat, d'une société de crédit mutuel ou de
telles autres institutions si précieuses pour le bien de tous,
mais que les petits cultivateurs n'eussent point songé à organiser. Pendant ce temps, sa femme et ses filles s'en vont
visiter les malades, elles enseignent aux ménagères quelques
recettes utiles pour le soin des enfants, la tenue du linge de
la famille, le traitement des plaies et des blessures ; elles
deviennent la providence des pauvres. Ainsi, de la maison
du propriétaire chrétien part un rayonnement bienfaisant
qui s'étend à toute une région. Il ne tiendra qu'à lui d'y
conquérir une autorité considérable, qu'il mettra au service
de la religion et de tous les principes d'ordre, d'honnêteté
et de moralité.

C'est à ce point de vue que la carrière agricole, pour
ceux dont nous nous occupons, apparaît avec sa vraie
grandeur. Ce n'est pas seulement une profession, c'est
une mission. Nul ne fera plus œuvre sociale, et même, si
l'on veut, œuvre politique au meilleur sens du mot, que cet
agriculteur qui semble peut-être se tenir en dehors du mouvement social et politique. Nul n'aura contribué plus effica-
cement à donner au pays ce qui assure sa force et sa prospérité, c'est-à-dire la paix entre toutes les classes de citoyens
par le respect de tous les droits et la fidélité à tous les
devoirs.

Enfin, ce qui doit sourire aux âmes fières, il n'y a pas de

carrière plus indépendante que l'agriculture. Certes, le réseau des assujettissements, dans une civilisation aussi compliquée que la nôtre, a les mailles trop serrées pour que personne se flatte d'y échapper. Mais si quelqu'un peut se dire encore maître chez soi, c'est assurément le propriétaire campagnard.

Comparez avec les autres professions exercées par les gens comme il faut. Pour ce qui est des fonctionnaires de haut et bas étage, il serait cruel d'insister. On sait trop quelle part de sa liberté, pour ne pas dire de sa conscience, l'homme qui se met au service de l'État doit immoler en entrant en charge. Il y a quelques semaines, nous lisions dans l'*Officiel* un projet de loi tendant à rendre la fonction propriété du fonctionnaire, comme le grade l'est de l'officier. Le projet est trop libéral pour avoir chance d'aboutir. Le fonctionnaire propriétaire de sa fonction ne serait plus assez entre les mains de ceux qui l'emploient et le payent ; il pourrait aller à la messe et envoyer ses enfants à l'école chrétienne, et le gouvernement ne pourrait pas le casser aux gages pour punir une telle trahison. Ce qui est étrange, c'est que les fonctions publiques soient si recherchées dans un pays où l'on se dit passionné pour la liberté.

Quant aux professions libérales, en vérité, elles vous lient par tant d'endroits qu'elles suffiraient bien à prouver que *libre* et *libéral* ne sont point synonymes. Certes, toute dépendance n'est pas humiliante ; le mot *servir* a des acceptions très nobles. Servir le pays et la société comme militaire, avocat ou médecin, est chose parfaitement honorable. Mais ce n'est point de quoi il s'agit. Pour être honorable, la chaîne reste une chaîne ; on appartient à ceux que l'on sert bien plus qu'à soi-même. Le moment vient vite où l'on s'en aperçoit.

L'agriculteur, lui, échappe à la plupart des sujétions communes. Il n'a point à se ménager avec ses supérieurs hiérarchiques, point d'avancement à attendre ni de faveur à solliciter ; il n'a pas davantage à se préoccuper de se faire bien voir de la clientèle, pas de cabinet à tenir, pas d'honoraires à recevoir. Nous ne disons rien des mille servitudes de la vie mondaine, si lourdes parfois, et qu'il connaît à peine, grâce à la liberté des champs.

De vrai, personne au monde n'a plus que lui le droit de dire qu'il n'a rien à espérer ni rien à craindre que de Dieu.

*
* *

On me permettra de rappeler, en terminant ce chapitre, un souvenir personnel qui lui servira de conclusion.

Il y a un peu plus de deux ans, sur la fin du mois de mai, je reçus l'hospitalité au sein d'une noble famille de la région du centre. Elle habitait une maison qu'on appelle la *ferme*, vaste bâtiment, isolé à travers champs, entouré d'un rideau de grands arbres, et dont les murs disparaissent sous un épais manteau de lierre et autres plantes grimpantes. M. le marquis de P... avait hérité d'un domaine comprenant plusieurs fermes d'une superficie totale de 800 hectares, dans une plaine marécageuse et vouée à la fièvre. Le fermage atteignait péniblement une moyenne de 15 à 20 francs à l'hectare ; le pays, de plus en plus abandonné de ses habitants, menaçait de devenir une steppe. M. de P... prit une résolution énergique ; il quitta le château, magnifique résidence sur le flanc de la colline qui encadre la plaine du côté du sud, et vint établir son quartier général au centre du domaine, dont il prit en mains la gestion.

Les débuts furent rudes et douloureux. M. de P... perdit son premier enfant, emporté par la malaria. — « J'eus alors, me disait-il, un accès de découragement, et fus sur le point de renoncer à mon œuvre. » — Ce fut la marquise qui le réconforta. La lutte se poursuivit contre la nature ; elle dura des années ; il fallut assainir le sol, ménager un écoulement pour les eaux ; on les recueillit dans des étangs, dont un de quarante hectares. La nature fut vaincue.

Aujourd'hui, la plaine est transformée ; les eaux stagnantes qui en étaient le fléau en sont devenues la richesse et l'ornement ; c'est un charme de voir les ruisseaux courir en tout sens dans les prés toujours verts. Comme je félicitais le propriétaire sur ses beaux ombrages qui donnent à la plaine l'aspect d'un parc : « — Il y a trente ans, me répondit-il, vous n'auriez pas vu un arbre à deux lieues à la ronde. »

Une population de soixante à quatre-vingts personnes

vit sur le domaine ; M. de P... a remplacé plusieurs des vieilles fermes par de gracieuses maisonnettes dans le goût des cottages anglais. Il y a dans ce personnel des contre-maîtres, des conducteurs de travaux, des domestiques, mais ni fermier ni métayer. M. de P... et ses fils dirigent tout par eux-mêmes. Le téléphone, installé à la *ferme*, permet de correspondre avec tous les points de la propriété.

La nature du sol n'admet guère que la culture du blé et des fourrages ; à l'extrémité, sur les pentes de la colline, on a depuis peu entrepris des plantations de vigne. Grâce à l'habile aménagement des terres, à l'adaptation des espèces, à l'emploi des engrais chimiques, on est arrivé à des rendements de 20 et 25 hectolitres, là où jadis on avait peine à en récolter 6 ou 8. Une superbe race de vaches laitières a été introduite sur le domaine et s'est répandue dans tout le pays. Les prairies fournissent de plus à l'engraissement de plusieurs centaines de bœufs destinés à la boucherie. Chaque année, sortent de l'écurie quelques poulains de pur sang qui se vendent de 3 000 à 5 000 francs. Par l'initiative de M. de P... a été fondée une société hippique, et l'élevage des chevaux est devenu une source de richesse pour la contrée.

Le marquis et la marquise de P... ont eu treize enfants ; ils n'ont jamais éprouvé le besoin de se débarrasser de leur présence, en les envoyant au collège ou au couvent. Garçons et filles ont été élevés à la *ferme*, sous les yeux de leurs père et mère. Ils n'ont pas pour cela plus mal réussi que d'autres. Aussi le nid paternel est devenu pour tous l'objet d'une affection, ou pour mieux dire, d'un culte que ne connurent jamais ceux qui ont grandi dans un appartement.

Il ne restait plus au logis, lorsque j'y fus reçu, que deux frères et deux sœurs. Les deux jeunes hommes, leur service militaire accompli, avaient suivi les cours de l'Institut agronomique de Paris, et étaient revenus avec leur diplôme d'ingénieur agricole. Un de leurs aînés est déjà agriculteur ; ils le seront aussi, car ils ont la passion de leur noble métier. Le marquis de P... était fier de ses fils, la vénérable marquise l'était davantage encore. Elle avait alors la tête et le cœur préoccupés d'une bien grosse affaire : il fallait songer à les marier.

— Ah ! me disait-elle, j'ai peur qu'on me gâte mes fils. Les jeunes filles, même celles qui ont été élevées dans les couvents, ont si souvent des goûts frivoles ; elles aiment tant le monde, et le monde a tant besoin d'elles ! Où sont celles qui voudront habiter la *ferme !...*

— Madame, lui disais-je à mon tour, vous devriez écrire vos souvenirs ; ce seraient les *Mémoires d'une grande dame et d'une mère de famille à la campagne.* Quelle bonne œuvre vous feriez là ! Quelles bonnes leçons vous donneriez aux jeunes filles pour leur apprendre où est le secret du bonheur !

Je crois bien qu'aujourd'hui l'excellente dame pourrait prendre la plume. L'heure des gros soucis est passée. Une des jeunes filles que j'avais vues auprès d'elle est entrée au noviciat des Sœurs de Saint-Vincent de Paul. Ses autres enfants n'ont pas été moins bénis de Dieu, chacun à sa manière.

Ces bénédictions étaient certes bien méritées. Dieu avait toujours eu la première place à la *ferme.* Le soir de mon arrivée, comme on était au salon, après le dîner, la cloche se fit entendre. La marquise nous invita à passer à la chapelle. L'autel était illuminé et paré de fleurs en l'honneur du Mois de Marie ; l'assistance se composait de la famille et d'un certain nombre de domestiques et d'ouvriers. Les jeunes filles à l'harmonium chantèrent un cantique ; puis le marquis de P..., dans le chœur, récita la prière du soir. La marquise lut ensuite la considération pour le Mois de Marie, et l'exercice se termina par un second cantique dont toute l'assistance répéta le refrain. Après quoi on se retira ; tout bruit et toute agitation avait cessé dans cette ruche si remuante pendant le jour ; la nuit était venue versant à pleines mains sur la *ferme* ce calme profond qui semble endormir les choses elles-mêmes. Dans les grands peupliers au feuillage tremblotant quelques rossignols continuèrent longtemps leurs triomphales sérénades.

Le lendemain était un dimanche ; je célébrai la messe devant une assemblée plus nombreuse que la veille. La chapelle de la *ferme* n'était point une de ces pieuses bonbonnières comme on en voit dans certains châteaux. Elle devait recevoir à l'occasion presque tout le personnel de l'exploitation, soixante à quatre-vingts personnes, hommes, femmes et enfants, l'église la plus voisine étant à 5 kilomètres de distance. On m'avait prié d'adresser une allocution à ces braves gens ; je le fis avec une émotion sincère ; car cette famille de propriétaires chrétiens, entourée d'une population gagnée par elle au travail des champs et en même temps à la religion et aux bonnes mœurs, c'était pour moi la réalisation d'un idéal que j'avais cru trop beau pour le rencontrer ailleurs que dans des rêves ou tout au plus dans des livres.

Pour mesurer l'importance des résultats accomplis par un grand agriculteur comme le marquis de P..., qui se voue ainsi tout entier à son œuvre, il ne suffit pas de supputer la plus-value acquise au domaine, d'établir que l'on a porté de 15 à 60 ou 70 francs le revenu net à l'hectare ; il faut encore et surtout se rappeler que tout le voisinage a été atteint de l'heureuse contagion, que le territoire de plusieurs villages a été assaini de proche en proche, que les habitants se sont attachés à une terre qui les paye de leurs sueurs, que là où jadis végétait une race pauvre, malingre, souffreteuse, décimée par la fièvre, qui ne fournissait guère à la revision que des conscrits à réformer, on voit aujourd'hui une population saine et robuste, dont le seul aspect trahit l'aisance et le contentement, et qui ne songe plus à déserter les champs.

L'estime et la reconnaissance même de toute une région ne sauraient manquer à l'homme de bien à qui est due la meilleure part d'une telle métamorphose. Tout récemment, il en a reçu un magnifique et touchant témoignage. A la séance de distribution des prix d'un comice agricole dont il était le président, un magnifique groupe en bronze a été offert à M. le marquis de P..., par souscription publique. Sur le socle, au bas de la dédicace, on lit ces simples mots : *Les habitants du Forez reconnaissants.* De fait, dans les longues listes des noms des souscripteurs, on voit figurer, à côté de grands propriétaires ou industriels, une foule de modestes cultivateurs et de gens de métiers.

Voilà un *plébiscite* qui, pour être limité à un canton, a bien sa grandeur. Peu d'hommes ont reçu de leurs concitoyens un hommage dont ils aient plus le droit d'être fiers.

*
* *

La marquise de P... n'écrira point ses *Mémoires*. Depuis la publication de ce travail dans les *Études*, la vénérable dame est allée recevoir la récompense d'une longue vie uniquement vouée au service de Dieu, de sa famille et des pauvres. Tout en s'associant à la douleur de son mari et de ses enfants, l'auteur s'estime heureux d'avoir proposé en sa personne un exemple que, pour le bien du pays, il faut souhaiter de voir imiter par beaucoup d'épouses et de mères françaises.

CHAPITRE VI

Pour préparer des agriculteurs, il faut un enseignement agricole. Cette proposition a l'air d'un truisme; pourtant ce n'est pas assez de la formuler, il est bon d'y insister. D'abord parce que, si l'on en juge par l'histoire du passé, cette nécessité ne parait guère avoir été comprise, et ensuite parce qu'elle entraîne des conséquences pratiques, auxquelles on ne se rendra point à moins d'y être forcé par la logique. Pour acheminer une partie de sa clientèle vers la carrière agricole, l'enseignement libre doit aviser à ouvrir des écoles d'agriculture.

Il s'agit spécialement ici de jeunes gens qui ont parcouru le cycle des études classiques; ils ont tous reçu cette culture générale de l'esprit qui ne suffit à rien mais qui est utile à tout, et qui leur assigne leur place dans l'élite intellectuelle du pays. Ils peuvent devenir magistrats, officiers, avocats, médecins, ingénieurs; c'est ce qu'on appelle les professions libérales; ajoutons à la liste celle qui devrait y avoir la première place, l'agriculture. Ils ont à faire leur choix; ils ont plus ou moins de fortune, les uns peu, les autres beaucoup; mais fussent-ils archimillionnaires, nous les supplions de ne pas se contenter du métier de consommateurs, et, pour nous servir d'un mot de Mgr d'Hulst, de faire quelque chose afin d'être quelqu'un.

Pour leur bien et pour celui de la société, il est grandement à désirer qu'un certain nombre de ces jeunes gens, des plus intelligents et des meilleurs, des plus riches surtout, donnent la préférence à la plus libérale et la plus délaissée de toutes les carrières, celle d'agriculteur. Pas n'est besoin qu'ils aient tous dans leur héritage de vastes domaines ni de grosses avances. Entre le grand propriétaire qui fait de l'agriculture en menant la vie de château et en touchant ses fermages, et l'humble cultivateur qui travaille à la bêche son lopin de terre, il y a quantité de situations qui peuvent convenir à un jeune homme bien élevé, suivant son état de fortune. S'il est lui-même possesseur de terres assez étendues, il peut, ou bien diriger personnellement son exploitation, — c'est l'idéal, — ou bien la donner à bail, mais en se réservant d'intervenir pour certaines entreprises et améliorations. Il y a bien des façons pour le grand propriétaire de collaborer avec ses fermiers ou métayers.

Si l'on n'a pas de domaine, on peut en louer un. La science de l'économie rurale établit même que c'est, en somme, le système le plus avantageux pour l'agriculteur.

Il existe en Angleterre une classe de *high-farmers*, composée de gens très comme il faut, de parfaits *gentlemen*. Chez nous, le nom de fermier sonne moins haut. Cependant on trouve dans plusieurs régions, dans le nord spécialement et dans un assez grand rayon autour de Paris, des fermes qui se louent de vingt-cinq à trente mille francs, quelques-unes même bien au delà. Il faut, pour entreprendre une affaire agricole sur ce pied, disposer d'un capital d'exploitation qui représente presque une fortune. Ces fermiers-là ne sont pas des petites gens. Pour mener leur exploitation, leur savoir doit aller plus loin qu'à tenir le mancheron de la charrue. Leur situation est celle de l'ingénieur qui loue une usine et la fait fonctionner à ses risques et périls. Un bachelier, fils de famille, ayant par devers lui cent à deux cent mille francs, pourra fort bien, sans déroger, devenir fermier dans ces conditions. La fonction sera tout aussi honorable et beaucoup plus lucrative que celle de commis aux écritures dans une administration, une maison de banque ou même un ministère.

Un grand propriétaire qui fait valoir lui-même a presque toujours besoin d'un aide, d'un chef d'exploitation, auquel il abandonnera parfois complètement la conduite du domaine. Dans ses *Dix ans d'agriculture*, M. de Falloux fait le plus bel éloge de l'homme intelligent qu'il s'était ainsi associé, et lui renvoie tout l'honneur de la transformation agricole du Bourg-d'Iré. Il ne s'agit plus ici du vulgaire régisseur dont le rôle principal est de faire rentrer les fermages, mais bien d'un véritable ingénieur agricole qui dirige la ferme comme son collègue de l'industrie dirige l'usine. Encore une situation qui pourrait parfaitement convenir à un jeune homme bien élevé.

Des capitalistes, des sociétés ont parfois de vastes domaines à exploiter ou à mettre en valeur. Dans ces dernières années, par exemple, la Compagnie transatlantique a créé en Camargue de fort beaux vignobles ; d'autres cherchent à tirer parti de terrains neufs en Algérie, en Tunisie, voire même en Turquie. Sans sortir de chez nous, il reste encore près de sept millions d'hectares du sol de la France à gagner de façon ou d'autre à la culture. Dieu veuille qu'une partie de l'épargne française soit consacrée à cette pacifique conquête ! Ces entreprises ne demandent pas seulement des capitaux, mais encore des hommes actifs, intelligents et capables d'utiliser les méthodes et les ressources que le progrès moderne met à la disposition de l'agriculture. Et qui sait ? Si ces hommes étaient moins rares, les capitaux eux-mêmes seraient peut-être moins défiants.

Il y a bien d'autres emplois se rattachant à l'agriculture d'une manière plus ou moins étroite, et qui offrent aux jeunes gens des situations très sortables. On a réservé à l'Institut agronomique le recrutement de l'École des Haras et de l'École forestière. De leur côté, les industries agricoles, telles que distilleries, sucreries, féculeries, etc., exigent un personnel dirigeant assez nombreux. Je ne parle point des chaires de l'enseignement agricole, qui, il faut bien l'espérer, se multiplieront dans le pays au fur et à mesure des besoins et même des progrès de l'agriculture.

D'après ce qui vient d'être dit, on voit assez que beaucoup de jeunes gens peuvent trouver dans l'agriculture, soit une occupation souverainement intéressante, saine et utile, si leur état de fortune leur permet des loisirs, soit un gagne-pain et une profession libérale au premier chef, souvent lucrative, toujours honorable.

Or, à l'entrée de toutes les carrières s'ouvre pour les candidats l'école qui leur donnera l'enseignement que chacune réclame. L'agriculture ne peut pas s'en passer plus qu'une autre. « De toutes les industries, dit M. le marquis de Dampierre, elle est à la fois la plus difficile et la plus exposée à la routine. » La science agricole est plus complexe et plus vaste peut-être qu'aucune autre science professionnelle.

C'est une vérité passée aujourd'hui à l'état d'axiome, que dans les conditions actuelles, il est impossible de tirer un parti avantageux de la propriété rurale sans une exploitation habile, rationnelle, scientifique même. C'est dire que la pratique traditionnelle, à plus forte raison la routine, ne sauraient suffire. Sans doute, il faut tenir compte d'une certaine expérience et d'un savoir pratique, qui sont comme le patrimoine héréditaire du paysan cultivateur, que rien ne saurait remplacer et qu'il faut plus ou moins apprendre de lui. Mais il est certain aussi que, grâce à l'étude plus approfondie de la nature, il y a des données nouvelles qu'on ignore à la ferme, un savoir théorique dont l'application intelligente constitue le progrès et assure le profit. Et c'est pourquoi une solide préparation tout à la fois scientifique et pratique est indispensable à ceux qui veulent s'adonner à l'industrie agricole. Des hommes très compétents estiment qu'il faut au moins cinq années d'études, partagées entre l'école et la ferme, pour former un agriculteur.

Alors même que le petit cultivateur pourrait vivoter du produit de son champ, simplement en suivant l'usage local et ses propres inspirations, il ne s'ensuit pas que la méthode soit applicable à une exploitation un peu étendue. Il y a deux classes d'agriculteurs qui, plus que d'autres, ont à se plaindre de leurs mécomptes : d'abord, les attardés, plus nombreux qu'on ne croit, réfractaires de parti pris à tout changement de méthode, persuadés qu'on ne saurait faire mieux qu'ils n'ont fait eux-mêmes jusqu'ici ; puis les agronomes improvisés, épris de spéculations, qui jettent l'argent dans des entreprises mal concertées et mal conduites, et qui dis-

créditent l'agriculture par leurs insuccès et leurs récriminations, alors qu'ils ne devraient s'en prendre qu'à leur étour-
derie. Aux uns comme aux autres a manqué l'enseignement
professionnel.

Il faut un enseignement agricole pour former des agriculteurs, comme il faut l'enseignement médical pour former des
médecins, l'enseignement du droit pour former des avocats,
fussent-ils d'ailleurs fils d'avocats ou de médecins. Depuis
longtemps déjà on a compris qu'un enseignement spécial
était nécessaire pour préparer des commerçants et des industriels ; l'industrie et le commerce ont été largement pourvus
d'écoles richement outillées. Personne ne met en doute que
les merveilleux progrès réalisés dans l'industrie ne soient
dus, pour la plus grande part, à la puissante organisation de
l'enseignement industriel ; et si des peuples voisins sont manifestement plus forts que nous dans le commerce, beaucoup
de gens l'attribuent à ce que l'enseignement commercial est
mieux organisé chez eux que chez nous.

La nécessité de l'enseignement agricole est à l'heure présente reconnue dans tous les pays de l'Europe. Tous l'ont
créé et doté libéralement ; quelques-uns nous ont précédés
dans cette voie, et chez plusieurs nous trouverions des modèles à imiter. Dans une étude qui remonte déjà à quelques
années [1], je trouve mentionnées, pour la Prusse, 11 écoles
supérieures d'agriculture, avec 1 296 étudiants et 179 professeurs ; 16 écoles secondaires, qui comptent 2 200 élèves
et 188 professeurs, 73 fermes-écoles ou écoles d'horticulture.
Les autres États de l'empire allemand étaient fournis à proportion. A la même date, l'Autriche, à elle seule, possédait un
institut supérieur à Vienne, 11 écoles secondaires et 36 écoles
primaires. La Suisse, la Belgique, la Suède, le Danemark
avaient leurs écoles d'agriculture ou d'industries agricoles.

Il ne serait pas sans intérêt de voir où nous en sommes
nous-mêmes à cet égard. Puisque l'occasion s'en présente,
nous dirons sommairement ce qui a été fait en France pour

---

1. *L'Enseignement agricole en France et à l'étranger*, par A. Joly. 1886.
Paris, Rougier.

l'enseignement de l'agriculture, et dans quels établissements les jeunes gens des collèges catholiques qui voudraient embrasser la carrière agricole, pourront aller chercher la formation professionnelle.

*
* *

Un agronome contemporain de Sénèque, Columelle, s'étonnait de voir que les gens de bon ton se donnassent toutes les peines du monde pour apprendre l'éloquence ou la géométrie, la musique ou la danse, l'architecture ou la guerre. Ils n'épargnent alors, dit-il, aucune dépense pour se procurer les maîtres les plus habiles ; tandis que pour la culture de la terre, qui est bien de toutes les disciplines humaines la plus noble, celle qui confine de plus près à la sagesse, ils l'abandonnent comme une victime à la brutalité des plus vils esclaves. Nous avons des hommes pour enseigner l'art de la cuisine et celui de la coiffure, et quand il s'agit de l'agriculture, on ne rencontre ni maîtres ni disciples. Et pourtant, ajoutait-il avec une malicieuse bonhomie, « quand même nous viendrions à perdre ceux qui professent toutes ces belles choses, la République pourrait encore filer de beaux jours ; car nos ancêtres, qui ne connaissaient point ces divertissements et qui n'avaient pas même d'avocats, n'en furent pas beaucoup plus malheureux, tandis que la société humaine ne saurait évidemment se passer de l'agriculture[1] ».

Il n'y a pas bien longtemps encore que notre pays aurait fourni au sage Columelle le sujet du même étonnement. L'enseignement de l'art de l'agriculture est chez nous, comme dans le reste de l'Europe, de date récente. On mentionne bien au dix-huitième siècle quelques essais isolés ; M. Louis Gossin cite un manuel d'agriculture composé par un prêtre, l'abbé Froget, curé du Mayet, et imposé par l'évêque du Mans dans les écoles de son diocèse ; on trouve encore des traces d'enseignement agricole au séminaire d'Angoulême et dans deux ou trois autres établissements de peu d'importance. Mais les mœurs sociales ne disposaient pas les esprits en faveur du noble métier de cultivateur ; comme le di-

---

1. *De re rustica* ; Prooemium.

sait naguère un ancien ministre de l'agriculture, agriculteur lui-même, M. le vicomte de Meaux, « le maître semblait alors indifférent au travail agricole ».

Des idées nouvelles se firent jour aux approches de l'époque révolutionnaire. Tous les plans éclos alors dans le cerveau des réformateurs, ou si l'on veut, des organisateurs de l'instruction publique, attribuaient une place plus ou moins large à l'enseignement de l'agriculture. Mais, sur ce point comme sur la plupart des autres, l'œuvre scolaire de la Révolution se réduisit à peu près à des déclamations et à des décrets sur le papier. On voit figurer des cours d'agriculture dans les programmes de l'École normale et de l'École centrale ; il ne paraît pas qu'ils aient eu aucun résultat.

A la veille de l'Empire, François de Neufchâteau, à qui l'on doit la première exposition des produits de l'industrie, rédigeait un rapport très complet pour la création de l'instruction agricole à trois degrés correspondant à ceux de l'enseignement classique. On y trouvait des idées très justes, qui devaient mettre encore bien du temps à faire leur chemin. « C'est la classe des propriétaires et des fermiers aisés, disait le ministre du Directoire, à laquelle il importe, pour les progrès de l'art, de donner les lumières et le goût de l'agriculture. »

Le régime impérial et ceux qui suivirent immédiatement eurent trop d'autres soucis pour s'intéresser beaucoup « aux progrès de l'art ».

Fort heureusement l'État allait être devancé sur ce terrain par l'initiative privée. Pendant la période qui va de la chute de l'Empire à 1848, Mathieu de Dombasle à Roville, puis Auguste Bella à Grignon, Rieffel à Grand-Jouan, Nivière à la Saulsaie, fondent des exploitations modèles qui sont de véritables écoles d'agriculture. D'abord subventionnées par le budget, comme établissements d'utilité publique, ces trois dernières institutions sont devenues propriétés de l'État sous le titre d'écoles régionales d'agriculture.

L'Assemblée nationale de 1848 reprit le projet de François de Neufchâteau. La loi du 3 octobre organisait les trois degrés de l'enseignement agricole. L'enseignement primaire serait donné dans les fermes-écoles, dont quelques-unes existaient déjà ; chaque département ou même chaque arrondissement devait avoir la sienne; l'enseignement secondaire aurait 20 écoles régionales ; enfin on créait de toutes pièces à Versailles un Institut agronomique pour l'enseignement supérieur.

Cette fois encore les bonnes intentions du législateur devaient aboutir à un mince résultat. La ferme-école, véritable atelier d'apprentissage de l'agriculture, était sans doute une institution utile et assez sagement conçue. L'État n'en assumait ni l'entreprise ni la responsabilité ; il choisissait un chef d'exploitation, propriétaire ou fermier, qui lui paraissait offrir des garanties, lui faisait un traitement ainsi qu'aux maîtres qu'il était obligé de s'adjoindre, et lui payait en outre une petite pension qui fut élevée jusqu'à 270 francs pour chacun des élèves qu'il recevait. L'année qui suivit la promulgation de la loi, 46 fermes-écoles furent ouvertes ; à la fin de 1849, on en comptait 70. A partir de cette date, l'institution est allée en déclinant; en 1885, il n'en restait que 33 avec un effectif total de 802 élèves, pour lesquels l'État dépensait annuellement près de 600 000 francs. Plusieurs ont encore été supprimées, et les documents officiels en signalent à peine 16 en 1893. Elles sont remplacées par les écoles pratiques dont il sera parlé plus loin.

Quant aux écoles régionales, les lycées de l'agriculture, comme la ferme-école en était l'école primaire, l'État dut se contenter de faire vivre celles qu'il s'était déjà annexées, Grignon, Grand-Jouan et la Saulsaie. Le rapporteur de la loi eut assez de crédit pour en faire établir une à Saint-Angeau, dans le Cantal, son département, mais elle eut une existence éphémère.

L'Institut agronomique de Versailles ne fut pas plus heureux. On l'avait installé royalement dans le parc de Louis XIV ; sans avoir rien à construire on dépensa en aménagements près de deux millions. L'Institut ouvrit ses cours en 1850 ; deux ans après, il était supprimé par le gouvernement de l'Empire.

Cette destruction a été l'objet de récriminations passionnées. On a dit qu'elle n'avait pas d'autre motif qu'un caprice d'autocrate : l'Institut gênait les chasses impériales. Le grief est vraiment trop futile pour avoir seul pesé dans la balance. A la façon dont l'École supérieure d'agriculture avait été organisée, il semble évident, sans parler des autres côtés fâcheux, qu'elle faisait double emploi avec celle de Grignon, située à deux lieues de distance, et où, de fait, on se réjouit de sa disparition.

Pendant plus de vingt-cinq ans le haut enseignement agricole dut s'abriter à l'École centrale et au Muséum, où quelques chaires furent fondées en vue de l'application des sciences naturelles à l'agriculture. Mais, sur la fin de l'Empire, un courant d'opinion se manifesta en faveur de la reconstitution d'une Faculté autonome. Il ne fallut pas moins de dix ans pour aboutir. En 1872, M. le comte de Bouillé déposait un projet de loi « tendant à l'établissement d'un Institut national agronomique ». Le rapport fut fait par M. le marquis de Dampierre, aujourd'hui président de la Société des Agriculteurs de France. Ce document remplit plus de cent pages du grand format officiel. Il ne sera pas hors de propos d'y relever quelques détails qui montrent dans quel esprit a été faite cette fondation.

Tout d'abord la commission se prononce unanimement contre la gratuité. Les étudiants agronomes payeront pour suivre les cours de l'Institut : « C'est le moyen d'éviter les scènes de désordre qui se produisent dans les hautes écoles de l'État. »

D'autre part, on repousse le système de l'internat ; les internes des écoles spéciales forment des petites églises, une sorte de castes fermées, où l'on ne se contente pas de recevoir le même enseignement, mais où l'on subit un même esprit qui s'impose, non sans inconvénients.

Du reste, le régime de l'Institut ne sera point celui des cours de Facultés. Les étudiants y passeront la journée presque entière, et, aux termes du règlement, « tout le temps est consacré dans l'intérieur de l'école ou à la ferme expérimentale de Joinville-le-Pont, aux leçons ou aux exercices pratiques ». En outre, toute absence est signalée aux parents et des examens mensuels obligent les jeunes gens à une application soutenue.

On voit qu'en demandant à l'État d'ouvrir une école supérieure de plus, les représentants de l'agriculture prétendaient bien ne pas recruter un nouveau bataillon d'étudiants viveurs et paresseux.

Le choix de Paris comme siège du nouvel Institut précisait le caractère et le but de l'enseignement qui y serait donné. Il ne devait pas être une école régionale, avant tout professionnelle, où la théorie et la pratique marchent d'un même pas, mais une vraie Faculté où l'on pousserait aussi loin que possible l'étude des sciences dans leurs rapports avec l'agriculture. Installé à ses débuts, en 1876, au Conservatoire des Arts et Métiers, l'Institut agronomique a été transféré en 1890 sur la montagne Sainte-Geneviève, dans l'ancienne école de pharmacie, restaurée et aménagée à son intention.

L'Institut agronomique n'est point la seule fondation de date récente en faveur de l'enseignement agricole. Il faut savoir à l'occasion rendre justice à un régime dont toutes les entreprises sont malheureusement bien loin de mériter la même approbation.

La loi du 30 juillet 1875 a créé une nouvelle catégorie d'établissements sous le nom d'écoles pratiques. L'histoire des fermes-écoles a prouvé une fois de plus que le système de la gratuité absolue en matière d'instruction ne produit pas d'heureux résultats. Les familles apprécient peu ce qui ne leur coûte rien. Puis les directeurs étaient trop portés à voir dans les jeunes gens qu'on leur confiait plutôt des domestiques qu'ils n'avaient point à payer, que des apprentis qu'ils devaient instruire.

Comme la ferme-école, l'école pratique est installée sur une exploitation privée; elle en diffère en ce que l'État prend seulement à sa charge la rétribution des maîtres, mais non l'entretien des élèves; en outre, l'enseignement a la prétention d'être d'un degré plus élevé; il correspondrait à celui de l'école primaire supérieure. Enfin, on a laissé une assez large place à l'intervention des départements qui ont spécialisé les études conformément aux besoins locaux. Ici, par exemple, l'école pratique est une école d'horticulture, ailleurs d'irrigation ou de viticulture; celle de Gandais, en Seine-et-

Oise, est consacrée à l'aviculture. L'institution paraît être en progrès ; pendant que le nombre des fermes-écoles allait en déclinant, celui des écoles pratiques n'a cessé de grandir ; on en compte aujourd'hui 39.

Les écoles régionales ont reçu une appellation plus sonore : elles s'appellent écoles nationales ; heureusement, ce n'est pas le seul changement qui s'y soit accompli. En 1870, celle de Grignon seule jouissait d'une prospérité relative ; les trois établissements comptaient en tout 120 élèves ; le total est aujourd'hui de 430. L'école de la Saulsaie, dans la plaine marécageuse des Dombes, a été transférée à Montpellier, au cœur du vignoble languedocien, et est devenue notre grande école de viticulture. Trois autres créations ont doublé le chiffre des écoles nationales : l'école d'horticulture de Versailles, installée dans le *Potager du Roi*; l'école d'industrie laitière de Mamirolle, dans le Doubs ; enfin l'école de Douai, dite des industries agricoles (sucrerie, brasserie, distillerie, etc.), qui a ouvert ses cours cette année même.

D'autre part, la loi de 1879 a institué les chaires départementales d'agriculture ; le professeur promène son enseignement de canton en canton. D'autres chaires consacrées à des branches spéciales de la science agricole ont été établies dans certaines Facultés, dans les lycées ou les écoles primaires supérieures ; le cours d'agriculture est devenu obligatoire dans les écoles normales, et à leur tour les instituteurs publics sont tenus, depuis 1882, d'enseigner des notions d'agriculture dans les écoles primaires, moyennant certaines conditions déterminées.

On peut disputer sur l'efficacité de telle ou telle de ces innovations ; l'inspiration d'où elles procèdent est assurément excellente ; appliquées avec tact et persévérance elles pourraient rendre de très grands services.

En résumé, voici, d'après un rapport publié au mois de juillet dernier par le ministère de l'agriculture, l'état présent de l'enseignement agricole officiel :

Enseignement supérieur : L'Institut agronomique de Paris.

Enseignement secondaire : 3 Écoles nationales d'agriculture (Grignon,
Grand-Jouan, Montpellier).

— 1 École nationale d'horticulture (Versailles).

— 1 — d'industrie laitière (Mamirolle).

— 1 — d'industries agricoles (Douai).

Enseignement primaire : 39 Écoles pratiques de toute nature [1].

— 16 Fermes-Écoles.

— 1 Bergerie-École (Rambouillet).

— 1 Magnanerie-École.

— 9 Fruitières-Écoles.

A quoi il convient d'ajouter 5 chaires de chimie agricole
dans les Facultés des sciences ; 90 chaires départementales ;
86 cours dans les écoles normales ; 70 chaires spéciales dites
d'arrondissement ; 101 cours de différentes branches de la
science agricole dans les lycées, collèges ou écoles primaires supérieures ; les stations agronomiques et champs
d'expérience dans presque tous les départements ; enfin l'enseignement des instituteurs dans les écoles primaires rurales.

Toujours d'après le document ministériel, l'Institut agronomique comptait en 1893 environ 200 étudiants ; les 6 écoles
nationales ensemble 595 ; les écoles pratiques, 1 101 élèves ;
les fermes-écoles, 547.

Ces établissements divers, en y comprenant les 3 écoles
vétérinaires, qui absorbent près d'un million, émargeaient
au budget de 1893 pour la somme de 4 342 510 francs. Les
3 écoles nationales d'agriculture, celles qui nous intéressent
plus spécialement, prenaient pour elles 654 000 francs, soit
en moyenne, pour chacune, 210 000 francs. Et il faut bien remarquer qu'il ne s'agit nullement d'écoles gratuites ; à Grignon, la pension est de 1 200 francs ; de 1 000 francs à Grand-
Jouan et à Montpellier. Tous les millions du budget ne sont
pas aussi utilement employés que ceux-ci. Mais, en agriculture comme en tout le reste, l'enseignement d'État est
effroyablement cher. Avec des pensions à ce tarif et une
subvention de 210 000 francs, une congrégation religieuse
se chargerait de faire une école d'agriculture comme il n'en
existe pas sous le soleil.

1. En bonne justice, ce chiffre devrait être diminué d'une unité. L'école
de Saint-Remy, qui figure sur la liste et dont il sera question plus loin,
n'est pas une école de l'État.

CHAPITRE VII

Qu'avons-nous dans l'enseignement libre et chrétien à mettre en regard des établissements officiels pour la préparation à la carrière agricole?

En l'absence de statistique analogue à celle que vient de publier le département de l'agriculture, l'énumération sera fatalement incomplète. Je serais heureux d'apprendre que nous avons un grand nombre d'écoles libres d'agriculture en dehors de celles que je vais mentionner; mais je n'en crois rien.

Commençons par en bas, je veux dire par l'enseignement élémentaire, qui a pour but de former de bons praticiens pour la petite culture. Il existe un grand nombre d'orphelinats dirigés par des prêtres ou des religieux, et qui sont plus ou moins des écoles d'agriculture, aussi bonnes que telles autres qui en portent le nom et qui ont des professeurs payés par l'État.

On peut citer comme modèle du genre l'orphelinat de Fleury, fondé par la duchesse de Galliéra, en face de l'ancien château de Meudon, dans un site incomparable et avec une magnificence un peu excessive. C'est vraisemblablement son principal défaut. Sur les trois cents enfants qui y sont élevés par les Frères des Écoles chrétiennes, soixante-quinze sont formés à l'horticulture. A mentionner encore l'orphelinat horticole de Chambéry, fondé et dirigé par M. l'abbé Costa de Beauregard, et dont les produits obtiennent en ce moment même à l'Exposition de Lyon un très beau succès.

Les pénitenciers confiés par le gouvernement à des communautés religieuses formaient, eux aussi, la plupart de leurs pensionnaires au travail agricole; la direction de ces établissements a passé en d'autres mains; la République ne pouvait laisser plus longtemps ses pupilles à la garde de ceux qu'elle pourchassait elle-même comme des ennemis. Je n'ai pas à parler des orphelinats ou colonies agricoles soumises à une administration laïque inspirée de l'esprit du jour. Pour ne rien dire du reste, ces établissements servent d'ordinaire de prétexte à un gaspillage révoltant du patrimoine des pauvres [1].

Les Frères des Écoles chrétiennes dirigent à Igny, dans la jolie vallée de la Bièvre, à peu de distance de Versailles, une école d'horticulture et d'agriculture dépendant de l'Œuvre de Saint-Nicolas. Elle compte quatre-vingts élèves environ et peut certainement soutenir à tous les points de vue la comparaison avec n'importe quelle école pratique subventionnée par le budget.

Les religieux de la Société de Marie, connus sous le nom de Marianites, ont à Saint-Remy, dans la Haute-Saône, une école d'agriculture déjà ancienne et très florissante. Là, comme dans leur grand collège de Stanislas, ces religieux bénéficient d'un accord avec le gouvernement. Le personnel enseignant est payé par le budget; l'État et le département y envoient leurs boursiers; les examens ont la sanction officielle; aussi le ministère de l'agriculture fait-il figurer l'établissement de Saint-Remy sur la liste de ses trente-neuf écoles pratiques. Seulement la religion y est en honneur; ce qui fait que celle de Saint-Remy ne ressemble à aucune autre. Avec la clientèle ordinaire des écoles pratiques, on reçoit à Saint-Remy des jeunes gens de familles plus aisées, qui y vivent en chambre et forment une section à part.

---

1. Un assez curieux spécimen est l'établissement agricole de Ben-Chicao, en Algérie, propriété du département de la Seine. Le domaine, qui lui fut légué par un malheureux prêtre, brouillé avec son archevêque, valait de 400 000 à 500 000 francs. D'après l'enquête sénatoriale sur l'Algérie, on y a dépensé 1 100 000 francs. Il y a *quarante-deux pensionnaires*. Dans la déposition de M. Labiche, sénateur, nous lisons ces mots : « Un établissement pareil est une véritable folie; il y a un luxe de dépense inouï... » (Enquête sénatoriale,... p. 212.) Afin de remédier au mal, le Conseil général a voté, il y a quelques semaines, une somme de *10 000 francs*, pour envoyer quelques-uns de ses membres voir comment les choses se passent là-bas !

Le mois prochain verra s'ouvrir l'école pratique libre de Genech, à 18 kilomètres de Lille. Mgr l'archevêque de Cambrai, pour témoigner combien cette œuvre lui était sympathique, avait voulu lui-même poser solennellement la première pierre du bâtiment destiné à recevoir les pensionnaires. L'école, dirigée par un prêtre, M. l'abbé Dehau, est sous le patronage de l'Institut catholique de Lille, qui lui fournira des maîtres pour l'enseignement scientifique; de son côté, il trouvera dans l'exploitation de Genech des leçons pratiques pour ses étudiants agricoles, et réciproquement les élèves de l'école pratique auront à leur disposition les riches collections et laboratoires de l'Institut.

Depuis quelques années, les Frères de la Doctrine chrétienne de Ploërmel se sont livrés avec un louable empressement à l'enseignement de l'agriculture dans les écoles qu'ils dirigent, principalement en Bretagne et en Normandie. Le F. Abel s'est fait une réputation non seulement comme pomologiste, mais encore comme apôtre de la régénération des campagnes par l'agriculture. En 1893, dans le seul département d'Ille-et-Vilaine, 30 écoles libres ont présenté 587 de leurs élèves à l'examen sur la science agricole, devant une commission de la Société des Agriculteurs de France; 497 ont obtenu le certificat. Dans le Morbihan, 180 candidats se sont présentés, et 120 ont réussi. Le F. Abel avait promis à la Société des Agriculteurs de France qu'en 1894 plus de 2 000 élèves se présenteraient pour le certificat agricole. Une information récente nous apprend que la promesse a été tenue : 116 écoles de l'Ouest ont présenté à l'examen 2 206 élèves, et 1 605 ont obtenu leur certificat. Dans le diocèse de Saint-Brieuc, il a été décidé, sous l'inspiration de M. le chanoine de la Villerabel, que lors de l'inspection des écoles libres serait posée la question : Que faites-vous pour l'enseignement agricole ?

Ce sont là des exemples qui méritent d'être connus, car il est souverainement désirable qu'ils soient imités. L'enseignement a bien sa part de responsabilité dans le calamiteux phénomène de la désertion des campagnes. Celui de l'école primaire est encore moins que les autres peut-être exempt de ce reproche. « Tout homme de bon sens, disait M. le marquis de Dampierre dans son rapport de 1876, s'étonne en voyant les programmes d'études des écoles rurales. »

De fait, on ne les eût pas rédigés autrement si l'on s'était proposé d'inspirer aux enfants des cultivateurs le dégoût du travail agricole et de la vie des champs.

Dans cette petite encyclopédie que l'on prétend imposer au cerveau d'un bambin avant l'âge de treize ans, et que tel membre de l'Institut déclarait ne point posséder, un seul ordre de connaissances avait, semble-t-il, été oublié, celles dont on a surtout besoin quand on passe sa vie à la ferme. Aussi, quatre-vingt-dix-neuf fois sur cent, le premier résultat du succès à l'école primaire est que le fils du paysan est perdu à tout jamais pour le travail agricole. Le jeune gars qui a conquis le certificat d'études sait décidément trop de choses pour faire un cultivateur comme son bonhomme de père.

Il a bien fallu ouvrir les yeux sur les déplorables conséquences d'une instruction indiscrètement distribuée à la ville et aux champs. Une foule d'hommes sérieux ont demandé que l'enseignement des écoles rurales fût mieux approprié aux nécessités de ceux qui le reçoivent. Les corps élus, les sociétés d'agriculture, les congrès ont fait entendre à cet égard les plus énergiques réclamations. D'autres ont recouru à des moyens moins impérieux que les lois et règlements, et à cause de cela peut-être plus efficaces. Dès l'origine, la puissante Société des Agriculteurs de France a établi des prix pour les instituteurs et les élèves des écoles primaires qui s'adonneraient aux études agricoles. Chaque année, le concours a lieu à tour de rôle dans sept départements. Comme on l'a vu, l'enseignement de l'agriculture, déjà donné dans les écoles normales, est devenu, en vertu de la loi de 1882, obligatoire dans les écoles primaires. Il importe que les maîtres des écoles libres ne laissent pas à leurs rivaux le monopole d'une innovation aussi raisonnable et qui peut être si féconde pour le bien des populations rurales.

Au reste, il ne s'agit point tant d'enseigner l'agriculture à l'école primaire, que d'inspirer aux enfants de la campagne ce que l'on pourrait appeler l'esprit agricole, je veux dire le goût, l'estime, l'attachement, la passion même pour le noble métier de cultivateur.

Il ne faut pas nous le dissimuler, nous aurons beaucoup à faire pour pénétrer de cet esprit les différentes classes de la société. Mais, ce qui semble de premier abord paradoxal, la difficulté est grande surtout quand il s'agit du peuple, même des paysans. On se heurte alors tout à la fois à un grief réel et à un préjugé d'autant plus tenace qu'il est plus sot.

Le grief, c'est l'expérience de la rude vie des champs ; le cultivateur sait ce qu'il a à souffrir dans sa lutte contre la terre et les éléments. Vous ne lui ôterez pas de la tête que nul au monde ne peine autant que lui ; le travail de l'ouvrier en chambre, à l'atelier ou même à l'usine, lui paraît incomparablement plus doux. Parce qu'il vit au grand air, pendant que les autres sont à l'abri de la pluie et du soleil, il croit volontiers qu'il porte à lui seul tout le poids du jour et de la chaleur. A plus forte raison l'employé de bureau ou de magasin, le scribe surtout, est à ses yeux un heureux mortel. Dans cette comparaison qu'il fait de son sort avec celui des autres, il n'oublie que ses propres avantages et les disgrâces du voisin. Nous sommes tous besaciers, dit le fabuliste ; le paysan qui travaille la terre l'est plus que personne ; et il a bien soin de ramasser dans la poche de devant, la seule qu'il voit, tout ce qu'il y a de dur dans son lot, laissant dans l'autre les compensations qui font que, tout bien examiné, le mot du vieux poète, quelque peu adouci, restera encore vrai :
O fortunatos nimium !...

Le sot préjugé, c'est cette opinion plus ou moins inconsciente qui, dans l'esprit du populaire, place le travail de la terre au dernier rang dans la hiérarchie des arts et métiers. Il n'est pas bien sûr que le cultivateur rural s'estime luimême autant qu'un commis de bureau, mais bien certainement un commis de bureau, fils de cultivateur, est persuadé qu'il s'est élevé de plusieurs échelons au-dessus de la profession paternelle.

Il y a évidemment dans cette classification une erreur grossière renforcée d'une injustice, dont malheureusement la vanité des parents se fait complice contre leur propre dignité. Ce n'est pas seulement pour procurer à ses enfants une existence plus douce qu'on tâchera d'en faire des employés et des commis aux écritures, c'est pour les pousser plus haut en les transformant en messieurs.

C'est le devoir de l'enseignement chrétien de combattre un préjugé aussi funeste. Mais ce qui serait vraiment déplorable, ce que l'on pourrait taxer de trahison, c'est qu'il contribuât à l'accréditer.

Je le répète, il ne s'agit point précisément de faire une place plus ou moins large aux notions d'agriculture dans des programmes déjà trop chargés ; ce que l'on pourra apprendre en cette matière à des enfants de sept à treize ans sera toujours bien peu de chose ; certaines gens soutiennent même que la prétention est illusoire, que les paysans se moqueront de l'instituteur congréganiste ou laïque qui voudra leur montrer, à eux ou à leurs garçons, la bonne manière de cultiver leurs champs ou de soigner leurs bestiaux. D'ailleurs l'école primaire n'est point une école professionnelle. Mais ce qui est bien certain, c'est que le maître peut beaucoup pour orienter ses élèves vers la carrière agricole, et plus encore pour les en détourner. S'il la leur montre comme la plus honorable, la plus digne, la meilleure pour la santé de l'âme et du corps, s'il témoigne de l'intérêt pour les choses de l'agriculture, s'il fait entendre qu'il y a des progrès à réaliser et que, à condition de s'instruire, le cultivateur peut faire d'honnêtes bénéfices, le travail des champs sera en honneur parmi son petit peuple et la vocation viendra d'elle-même.

Si au contraire son langage ou même son silence trahissent quelque dédain ou seulement une moindre estime pour cette carrière, si l'idéal proposé aux bons élèves, aux forts, la récompense du talent et du succès consiste précisément à échanger la ferme, la charrue et les bœufs contre une place à la ville, s'il est entendu que ceux-là seuls ont réussi qui ont pu ainsi quitter les champs, et si la valeur de l'école se mesure au nombre des élèves qu'elle pousse de la sorte, il est clair que le ton sera vite donné ; les enfants de la campagne regarderont le métier de cultivateur comme le

dernier de tous, celui auquel sont condamnés les pauvres
hères qui n'ont pas assez profité à l'école pour pouvoir
faire autre chose.

En résumé, pour ce qui concerne l'enseignement primaire
ou l'apprentissage de l'agriculture, nous sommes pauvre-
ment outillés et manifestement en retard. Les catholiques
ont créé çà et là dans les villes un bon nombre d'écoles
professionnelles pour l'industrie ; ils n'ont pas témoigné la
même libéralité envers l'agriculture.

Les maisons d'éducation dirigées par les nombreux instituts de Frères avec tant de dévouement, et, disons-le aussi,
avec tant d'habileté et de succès, préparent en grand nombre
des jeunes gens qui priment dans tous les postes et emplois
pour lesquels on demande une bonne instruction primaire ;
— je ne parle pas ici de ceux de leurs élèves à qui une instruction plus complète permet de viser plus haut. La carrière
agricole n'y serait-elle pas trop oubliée ?

Je sais bien que les cultivateurs eux-mêmes envoient leurs
enfants dans ces institutions, précisément pour les pousser
aux places ; mais c'est aux maîtres de réagir contre un dé-
sastreux engouement.

Il serait déplorable que l'on fît moins dans les écoles
chrétiennes que dans celles qui ne le sont pas pour
la plus chrétienne de toutes les professions. Les instituteurs laïques sont tenus de recevoir à l'école normale
l'enseignement agricole, pour le transmettre ensuite à leurs
élèves ; on ne voit pas en vérité sous quels prétextes
les maîtres congréganistes refuseraient d'en faire autant [1].

---

1. Dans leur dernier Congrès, au mois de mai de cette année, les *Propriétaires chrétiens* ont adopté sur ce point une mesure qui mérite d'être men-
tionnée ici :

« L'Assemblée des propriétaires chrétiens, persuadée qu'un des remèdes
les plus propres à enrayer le mouvement d'émigration des jeunes gens des
campagnes vers les villes, est d'intéresser les enfants des paysans à tout ce
qui touche l'agriculture...

« Émet le vœu que des démarches soient faites par une délégation de
l'assemblée, auprès des supérieurs de congrégations enseignantes, en vue
d'obtenir que des notions théoriques et pratiques d'agriculture trouvent une
place dans leur programme d'instruction primaire. »

En outre, disons-le hardiment, réserver la formation agricole pour les pupilles des orphelinats et des colonies pénitentiaires est une pratique mauvaise et funeste dans ses conséquences, car c'est donner à entendre que le travail de la terre ne convient qu'aux déshérités, et par là même entretenir le discrédit dont il souffre déjà trop.

Il nous manque manifestement des établissements chrétiens, du rang des écoles pratiques de l'État, pensionnats modestes, où des enfants de familles honnêtes et jouissant de quelque aisance recevraient l'instruction professionnelle qui les mettrait en état de faire leur chemin dans l'agriculture.

Il y a là une lacune à signaler à l'attention de certaines personnes qui se demandent parfois à quelles créations elles pourraient le plus utilement consacrer leurs largesses. Notre disette sur ce point est d'autant plus regrettable que les écoles pratiques aussi bien que les fermes-écoles officielles n'offrent la plupart du temps aucune garantie au point de vue moral et religieux. C'est là, on le sait, le dernier souci des puissances qui alimentent ces institutions avec la manne du budget. Aussi ont-elles généralement, et ici il serait trop aisé de citer des noms, une réputation détestable.

Si de la base nous passons au sommet de l'édifice, nous ne trouvons rien dans l'enseignement libre à opposer à l'Institut agronomique, sinon les chaires de hautes études agricoles annexées depuis quelques années à l'Institut catholique de Lille.

Cette fondation fait honneur à l'intelligence autant qu'à la générosité des catholiques du Nord. Elle prouve que chez eux la cause de l'agriculture n'a pas besoin d'être plaidée. Leurs autres Facultés étaient déjà florissantes, mais ils ont compris que parmi les autorités sociales que les universités libres doivent former pour la restauration chrétienne du pays, les propriétaires-agriculteurs ont leur place marquée aussi bien que les avocats, les médecins et les jurisconsultes.

*
* *

Arrivons à l'enseignement secondaire. Il a, comme on l'a vu, ses lycées à Grignon, à Grand-Jouan et à Montpellier, voire à Versailles, à Mamirolle et à Douai, puisque les documents administratifs font figurer ces établissements sous la même rubrique.

Où sont les collèges libres correspondants?

Hélas! il faut bien l'avouer, c'est ici surtout que nous sommes en retard et que nous laissons à l'État un monopole qu'il ne tiendrait qu'à nous de lui enlever, ou tout au moins de lui disputer. Pour être conséquent avec moi-même, je dois ajouter que c'est ici particulièrement que notre indigence est regrettable, car c'est par la jeune génération des classes aisées, c'est-à-dire par la clientèle des collèges, et des collèges catholiques, qu'il faut commencer le mouvement salutaire du retour aux champs.

Grâce aux fils du bienheureux Jean-Baptiste de la Salle, nous ne sommes pas totalement dépourvus. Les chers Frères dirigent à Beauvais un Institut agricole que nous pouvons présenter à nos amis et à nos ennemis. Je ne sais si l'on pourra faire mieux; en attendant, l'établissement de Beauvais, lui, a fait ses preuves, et il peut servir de modèle à ceux qui voudront ouvrir des écoles pour préparer à l'agriculture les jeunes gens de familles riches. A ce titre il mérite qu'on s'y arrête quelques instants.

L'Institut a son histoire; il compte aujourd'hui quarante ans d'existence. Il fut fondé en 1854 par le F. Menée, homme de zèle et d'initiative, qui gémissait de voir les riches campagnes de l'Ile-de-France désertées par l'élite de la jeunesse des familles agricoles, que fascinait le voisinage de Paris. A l'origine de l'œuvre se rencontrent les noms d'Alexis et d'Édouard de Tocqueville, et surtout celui de Louis Gossin, savant distingué et vaillant chrétien, dont toute la vie fut inspirée par le double amour de la religion et de l'agriculture. Mais l'homme qui devait conduire l'Institut à son plein épanouissement fut le Frère Eugène-Marie; il le dirigea l'espace de trente ans, de 1864 à 1893. Agronome éminent, nature ouverte et sympathique, le Frère Eugène-Marie exerça une action qui s'étendit bien au delà des limites ordinaires.

L'Institut de Beauvais eut des commencements modestes; mais il fut chaudement approuvé par de hauts personnages, au nombre desquels il faut compter l'empereur lui-même et son ministre, M. Drouin de Lhuys ; la faveur gouvernementale se traduisit même par quelques subsides. Durant de longues années, les certificats et diplômes délivrés aux élèves reçurent l'estampille de la préfecture de l'Oise. Ce fut seulement en 1884 que l'État retira un patronage qui l'honorait autant lui-même que son protégé. La Société des Agriculteurs de France se chargea aussitôt de le remplacer ; il ne paraît pas que l'Institut ait perdu au change. Une délégation de la Société fait subir les examens et signe en son nom les certificats et diplômes.

Cette particularité est à signaler. Il y a là un excellent exemple de décentralisation dont on se trouve fort bien.

Voilà des parchemins qui ne portent le sceau d'aucun ministre et qui n'en ont pas moins leur prix. Les membres de la grande Société qui se porte garante du savoir technique des élèves qu'elle a examinés, sont par là même engagés à les aider quand ils débuteront dans la carrière. La Société compte aujourd'hui au delà de 11 000 membres ; pour n'avoir pas tous les avantages de celui de l'État, ce patronage n'est pas à dédaigner.

D'autre part, ces diplômes constatent la valeur professionnelle de ceux qui les obtiennent, mais ils ne les érigent point en aspirants-fonctionnaires. Cela encore est un avantage.

Les jeunes gens ne sont point admis à l'Institut avant l'âge de seize ans ; plusieurs de ceux que j'y ai vus avaient accompli leur service militaire. La durée normale des cours est de trois ans ; mais ceux qui sont bacheliers ou qui justifient d'une instruction équivalente entrent en seconde année. La journée se partage entre les leçons théoriques et les travaux d'application à la ferme, où l'on passe tous les après-dîners. On fait également de fréquentes excursions pour visiter soit les exploitations les mieux tenues de la contrée, soit les établissements industriels qui ont un intérêt spécial pour l'agriculture. L'Institut compte actuellement de 90 à 100 étudiants, venus non seulement de toutes les parties de la France, mais encore de l'étranger, de la Pologne, de l'Espagne et des deux Amériques. La moitié du vaste pensionnat de Beauvais leur a été attribuée ; ils y occupent chacun une chambre, ont leur Cercle, leurs salles de jeu, aussi bien que leur bibliothèque, et vivent sous une discipline qui, grâce à la religion et au bon esprit, rappelle beaucoup plus celle d'une grande famille que celle de la caserne ou même du collège.

Ayant eu l'occasion de visiter, à peu de jours d'intervalle, l'Institut de Beauvais et l'école de Grignon, la plus ancienne et la plus réputée de nos écoles nationales, j'ai pu me former une opinion. Je n'ai pas la prétention de juger l'enseignement qui se donne de part et d'autre. Ici et là, programmes et méthodes sont à peu près les mêmes ; ici et là, le corps professoral a une haute valeur. Les Frères se sont adjoint, pour les parties de l'enseignement hors de leur compétence, des laïques passés maîtres dans leur spécialité.

Mais il y a une différence qui en entraîne beaucoup d'autres, et qui donne aux deux établissements une physionomie absolument dissemblable. Cette différence, la voici :

A Beauvais, la religion est à la première place, celle qui lui appartient ; à Grignon, hélas ! elle est une étrangère. Sur l'initiative d'un haut politicien du département, le gouvernement a décidé, il y a une dizaine d'années, que Dieu en serait expulsé ; la chapelle est devenue un laboratoire quelconque ; l'aumônier a été mis à la porte. Aujourd'hui, il n'y a plus ni service ni enseignement religieux à l'école de Grignon : le prêtre évincé n'y met pas le pied ; les élèves sortent le dimanche ; ils peuvent, s'ils le veulent, aller assister à la messe à Paris ou à Versailles, ou même dans l'église du village, où il y a bien place pour quarante personnes.

Je ne veux pas commettre d'indiscrétion ; mais à qui ferat-on croire que cette école, perdue au fond de sa fraîche vallée, avec ses 180 adolescents ou jeunes hommes, les uns internes, les autres logés en garni chez l'habitant, sans aucune direction morale ni appui religieux, soit un asile d'innocence et de vertus austères ? Aussi ce joli lieu vous laisse une impression de tristesse ; la jeunesse que la religion n'éclaire ni ne protège est triste et sombre ; c'est un fait que les ministres de la République eux-mêmes sont obligés de constater dans des discours qui ont du retentissement.

Les maîtres de Beauvais ont un autre esprit et d'autres vues. La devise léguée à l'Institut par le vénéré Louis Gossin est : *Cruce et aratro;* on y fait des agriculteurs et des chrétiens. Il n'en faut pas davantage pour que les jeunes gens y conservent l'entrain et la gaieté de leur âge.

L'an dernier, le F. Eugène-Marie était emporté par un coup foudroyant, le jour même de la distribution des prix. On vit alors quelle place cet homme et son œuvre avaient conquise dans l'estime publique. Le deuil se changea en une sorte de triomphe aux funérailles de l'humble religieux. Sans plus tarder, une souscription fut ouverte par les anciens élèves pour ériger un monument à sa mémoire dans la cour d'honneur de l'Institut.

Le 5 mai de cette année, il était inauguré sous la présidence de l'évêque, assisté du marquis de Dampierre et du général Sonnois, avec une solennité vraiment imposante. C'est la statue du bienheureux Jean-Baptiste de la Salle qui domine le piédestal, dont les quatre faces portent les médaillons des fondateurs de l'Institut. En terminant le discours où il venait de raconter la féconde carrière du F. Eugène-Marie, l'évêque de Beauvais en tirait cette conclusion, à l'adresse de ses successeurs et de ses émules dans l'enseignement chrétien :

« Afin que vous puissiez accomplir ces miracles de salut social, je ne demande pour vous ni l'argent, ni l'or, ni les faveurs des pouvoirs publics ; je ne demande que la liberté. »

C'était bien le mot de la situation. L'Institut agricole de Beauvais est en effet un des plus triomphants spécimens de la puissance de la libre initiative décuplée par la charité et le dévouement religieux. Puissance telle que l'État, avec tout le prestige de sa force, le savoir incontestable de ses maîtres, les millions de son budget scolaire, les faveurs et immunités qu'il réserve à ses pupilles[1], en est toujours à se

---

1. En ce qui concerne l'enseignement agricole, non seulement les élèves de l'Institut agronomique, mais encore ceux des écoles nationales qui ont obtenu le diplôme, bénéficient dans la proportion de 80 pour 100 de l'exemp-

demander s'il pourra supporter la concurrence, et s'il ne vaudrait pas mieux supprimer les concurrents.

Une double sanction est offerte aux étudiants de l'Institut : d'abord le certificat, dont la plupart se contentent ; puis le diplôme, que l'on conquiert comme dans les facultés supérieures, moyennant une thèse et une leçon sur un sujet donné.

Mais quels que soient l'application et les progrès de l'étudiant agricole, aussi bien que les parchemins qui en rendent témoignage, il ne faut pas croire qu'au sortir de l'école un jeune homme de vingt ans soit un agriculteur formé. Alors même qu'il aurait perfectionné son savoir par deux ans d'assiduité aux cours de l'Institut agronomique, il ne serait point pour cela en mesure de prendre en mains une exploitation agricole. A cet âge, surtout quand on a passé sa vie au collège, on n'est généralement point capable de gouverner des hommes. Quand il n'y aurait pas d'autres raisons, ce serait assez pour nécessiter un supplément de formation. Si le jeune homme appartient à une famille d'agriculteurs, c'est auprès de son père qu'il achèvera son éducation professionnelle ; sinon, il devra faire un stage plus ou moins long dans une exploitation conduite selon toutes les règles de l'art.

tion de deux années de service militaire. C'est ce qui fait que l'effectif de Grignon a doublé depuis la mise en vigueur de la loi de 1889. Naturellement, rien de semblable pour les écoles libres.

CHAPITRE VIII

Conclusion. — 800 étudiants en agriculture contre 8 000 étudiants en droit. — Des places à prendre, c'est-à-dire des écoles à créer. — Fondations peu onéreuses. — Exemples. — Coopération des familles à la *vocation* agricole. — La mollesse et la mondanité. — *Exilés* dans leurs terres. — L'éducation en chartre privée. — Les couvents et l'agriculture.

Je me suis étendu avec quelque complaisance, je l'avoue, sur l'Institut de Beauvais; ce serait trop sans doute s'il fallait recommencer pour d'autres. Malheureusement, ce danger n'est pas à craindre, car c'est là le seul établissement, que nous puissions appeler de plein exercice, actuellement ouvert aux jeunes gens chrétiens de familles aisées, qui, leurs études classiques achevées, veulent se diriger vers la carrière agricole. C'est trop peu, la chose est certaine; et il y a évidemment des places à prendre.

D'après le rapport du ministère, les trois écoles nationales d'agriculture proprement dite auraient eu en 1893 un effectif total de 473 élèves; les promotions à l'Institut agronomique de Paris sont depuis quelques années de 80, ce qui suppose quelque 200 étudiants présents aux cours. Beauvais et Lille ajoutent un contingent d'un peu plus de 100.

Soit au total moins de 800 jeunes gens, plus ou moins lettrés, n'appartenant même pas tous aux classes dirigeantes[1], qui font de hautes études agricoles et se préparent à l'agriculture ou à des professions en rapport immédiat avec l'agriculture.

Qu'est-ce que ce chiffre en regard des 24 397 étudiants des facultés de tous ordres, des 8 776 étudiants en droit, des 7 728 médecins, des 2 658 pharmaciens, des 5 032 candidats aux licences de lettres et de sciences !

Manifestement, cette répartition de l'élite intellectuelle dans un pays comme le nôtre est défectueuse. La noble

---

1. Les écoles nationales et l'Institut agronomique lui-même comptent beaucoup de boursiers venus des écoles pratiques. Futurs fonctionnaires du département de l'agriculture.

profession de l'agriculture n'a point une part proportion-
nelle à son importance. Je le répète, il y a des places à
prendre, c'est-à-dire des écoles à fonder, et les élèves ne
leur manqueront point. Le trop plein de certaines autres, qui
ne trouve plus d'issue, s'y déversera, et tout le monde s'en
trouvera mieux.

L'établissement d'une école d'agriculture libre n'exige
des diocèses ou des instituts religieux ni un nombreux personnel ni une grosse mise de fonds, surtout si, comme à
Beauvais, elle est unie à un collège déjà existant. Les professeurs des branches spéciales de la science agricole ne
manquent point. Si l'école est installée dans une ville de
quelque importance, on les aura sous la main ; sinon, ils vien-
dront une ou deux fois la semaine donner leurs leçons. Plusieurs des professeurs laïques de l'Institut de Beauvais ont
leur résidence à Paris. Il n'y a pas plus de six ou sept Frères
exclusivement attachés aux étudiants agricoles. Quant à \
ferme où se donnent les leçons pratiques, il n'est nullement
nécessaire qu'elle soit la propriété de l'école, ni même prise
à bail par elle ; car on peut assurément s'entendre avec le
directeur d'une exploitation bien tenue, pour qu'il reçoive
chez lui les jeunes gens aux heures convenables. L'État n'en
use pas autrement dans ses écoles pratiques.

De telles fondations, sur trois ou quatre points du territoire, sont souverainement désirables. Maintes fois, l'Assemblée des Propriétaires chrétiens et la Société des Agriculteurs de France elle-même, les ont appelées de leurs vœux.

Si l'on n'ose créer de toutes pièces une école d'agriculture, on peut du moins établir dans les collèges des cours
préparatoires à l'enseignement agricole supérieur, donné
soit à Lille, soit à Paris.

Il n'en faudrait pas davantage pour ouvrir devant l'esprit
des jeunes gens l'horizon de la carrière agricole, leur en
inspirer le goût et faire germer la vocation. Or, c'est là l'im-
portant[1]. Un bon nombre de nos grands collèges catholiques

---

1. C'est à ce point de vue que se sont placés certains propriétaires, pour
proposer à l'assemblée annuelle des catholiques du Nord, l'établissement

pourraient très bien s'annexer ces cours supplémentaires, beaucoup plus aisément, sans nul doute, qu'un cours préparatoire à Saint-Cyr ou à Polytechnique. Une fois lancés, les jeunes gens iraient ensuite achever leurs études agronomiques à l'Institut de Paris, soit comme élèves titulaires, s'ils réussissent au concours, soit comme auditeurs libres, s'ils ne sont pas du petit nombre des élus [1].

Les collèges sont d'autant mieux en mesure de donner cette préparation, que, à proprement parler, elle ne comporte guère que l'étude plus approfondie des mathématiques, des sciences physiques et naturelles et des langues vivantes. Au concours d'admission à l'Institut agronomique, il n'est nullement nécessaire de faire preuve de connaissances en agriculture, et tandis que le diplôme complet de bachelier donne au candidat une avance de 15 points, l'examen facultatif sur l'agriculture ne peut lui en valoir que 2 au maximum.

J'ai dit déjà que le collège de l'Immaculée-Conception, à Paris-Vaugirard, entre dans cette voie dès la rentrée prochaine. Tout récemment, un journal belge, qui avait eu l'amabilité de signaler en termes très élogieux le *Retour aux champs*, annonçait à ses lecteurs que Mgr l'évêque de Liège fondait lui aussi, pour la rentrée prochaine, des cours d'agriculture dans son collège de Saint-Hadelin, à Visé.

Il faut espérer que le mouvement se propagera ailleurs qu'en Belgique. M. Louis Gossin prêcha toute sa vie pour conquérir une place à l'enseignement agricole dans le programme de toutes les maisons d'éducation, des plus hautes comme des plus humbles, mais surtout dans celui des collèges, où, disait-il, s'adressant à l'empereur, « par suite du silence absolu que l'on garde sur tout ce qui tient à la terre, l'éducation libérale prépare à toutes les carrières libé-

de conférences agricoles dans les collèges. L'essai a été fait pendant deux années de suite au collège de Notre-Dame de Boulogne-sur-Mer. Il ne paraît pas douteux que des *vocations agricoles* auront là leur point de départ.

1. *Petit nombre* est dès maintenant le mot vrai. L'*Officiel* a récemment publié la liste de 256 candidats qui se présentent cette année pour briguer les 80 places de la promotion. Il y a donc déjà 2 refusés pour 1 admis.

rales, excepté à la plus libérale de toutes, l'agriculture [1] ».

Un grand propriétaire-cultivateur écrivait tout dernièrement : « Quand j'étais au collège, on ne pensait parmi nous qu'à l'École de droit où à Saint-Cyr; si quelqu'un de nos camarades eût songé à se faire agriculteur, il n'aurait pas osé le dire. »

Dieu merci, nous n'en sommes plus là aujourd'hui. Quand l'enseignement agricole aura été établi dans quelques collèges en renom, il aura vite gagné sa part de faveur et de clientèle. Les jeunes gens s'accoutumeront à regarder vers l'*Agricole,* tout aussi bien que vers *Polytechnique, Centrale* ou même *Saint-Cyr.*

*
* *

Mais ce n'est pas assez de l'enseignement pour préparer le *retour aux champs* d'une partie de la jeunesse des collèges catholiques.

Il faut aussi que les familles y contribuent pour leur part. Il en est, dans une certaine mesure, de la vocation agricole, comme de la vocation sacerdotale ou religieuse. Elle peut naître et se développer dans la saine atmosphère du collège ou du couvent ; encore faut-il qu'elle ne soit pas contrariée et étouffée à la maison paternelle. La comparaison pourrait être poussée plus loin ; car les mêmes influences qui dessèchent dans des âmes d'adolescents les aspirations à la carrière sacerdotale les dégoûteront aussi de la vie des champs. Qu'on me permette ici de céder la parole à d'autres.

Les précédents articles sur le *Retour aux champs* ont trouvé de l'écho parmi les lecteurs des *Études;* plusieurs ont écrit à l'auteur pour l'approuver et l'encourager chaudement; d'autres lui ont envoyé des travaux où il aurait puisé volontiers, s'il les eût connus plus tôt, des témoignages en faveur de la cause qu'il défend. Voici, par exemple, une brochure

---

1. Il aurait voulu que l'enseignement agricole fût établi dans tous les grands séminaires, comme dans celui de Beauvais, où lui-même le donna jusqu'à la fin, persuadé que le prêtre trouverait dans ses connaissances en agriculture un précieux secours pour son ministère auprès des populations rurales.

qui venait on ne peut mieux à point : *Les catholiques doivent organiser un enseignement agricole supérieur pour les fils de familles riches.* Elle est signée d'un propriétaire-agronome, M. Léon Babeur, mieux à même que personne de traiter la question, ayant été obligé de redevenir étudiant sur le tard pour pouvoir diriger son exploitation. D'autres enfin ont présenté certaines observations qui trouvent ici leur place.

Voici les plus importantes.

Oui, certes, nous dit-on, il faut diriger vers l'agriculture les jeunes gens de familles riches. Mais avec les habitudes de luxe, de plaisir, de mollesse et d'oisiveté qu'on fait prendre à la plupart d'entre eux, il n'y a pas apparence que cette perspective leur sourie.

C'est vrai. Voilà, à n'en pas douter, le grand obstacle. Ces beaux fils élevés si délicatement et qui de bonne heure ont goûté aux divertissements mondains ne sont pas de la graine d'agriculteurs.

Le métier est rude et demande des travailleurs. En outre, l'agriculteur doit se résigner à certains sacrifices, peu fréquenter les cercles, moins encore les soirées, presque pas du tout l'Opéra, ignorer à peu près les bals, les sauteries, les cotillons et autres élégances de même acabit dont la jeunesse dorée est généralement friande, et à quoi ne renoncent pas aisément ceux qui en ont respiré de bonne heure le parfum capiteux.

A ceux-là ne parlez pas de la vie des champs. Ils sont à cet égard comme les courtisans d'autrefois, pour qui la suprême disgrâce, bien voisine d'une condamnation à mort, était d'être *exilés* dans leurs terres. C'est pourquoi, dirai-je avec le respectable auteur que je citais tout à l'heure, que les parents, fussent-ils riches, maintiennent à leur foyer les habitudes viriles de la simplicité chrétienne ; qu'ils ne jettent pas leurs enfants, par une inconcevable légèreté, dans des amusements dont le premier résultat est de leur faire prendre en dégoût le sérieux de la vie. Ils ne deviendront peut-être pas pour cela des agriculteurs, du moins ils auront chance d'être des hommes.

Un autre obstacle, signalé aussi par un propriétaire-agriculteur, est la tradition, reçue dans les familles françaises, de tenir plus que de juste les enfants en chartre privée. On se charge de leur avenir; le moment venu, ils trouveront un établissement tout fait. Par suite, à quoi bon s'évertuer, si papa est riche?

D'ailleurs lui-même ne tient pas du tout à ce que ses fils entreprennent quelque chose. Il n'aura garde, par exemple, de leur confier un domaine, et s'il leur donne quelque part dans ses propres affaires, ce sera toujours sans leur laisser aucune initiative.

Les jeunes gens, même ceux qui vivent à la campagne, en prennent assez volontiers leur parti; ils trouvent qu'en somme mieux vaut, en attendant d'être maître, passer le temps le plus doucement possible, aller à cheval ou à bicyclette, chasser, faire de la photographie, ou autres exercices aussi utiles à la société et à eux-mêmes.

On reconnaît là le grief qui a fourni à M. Demolins le sujet d'un parallèle entre les méthodes françaises d'éducation et celles de la race anglo-saxonne, et spécialement des Américains. Il y a en tout cela une dose de vérité avec une dose d'exagération. C'est aux pères de famille de faire leur examen de conscience, et de déterminer, à la lumière de la foi chrétienne et de la droite raison, la part qu'il convient d'attribuer à l'autorité et à la liberté.

Enfin, me dit-on de différents côtés, le plus sérieux obstacle peut-être au mouvement que vous préconisez, c'est... — comment dire cela?—c'est que les fils de famille qui seraient disposés à retourner aux champs n'y peuvent pourtant pas vivre seuls, et qu'ils ne trouveront pas de femmes qui consentent à les suivre.

Si les jeunes gens riches redoutent de quitter la ville avec son train de distractions, de sociétés, de visites, de spectacles, c'est bien autre chose encore des dames et des jeunes filles de leur monde. Leur attrait instinctif, les goûts qu'on leur inspire, les milieux qu'elles fréquentent, l'éducation qu'elles reçoivent, même dans les couvents, tout, jusqu'à leur dévotion qui a ses habitudes et ses besoins, contribue à leur faire prendre en aversion la vie dés champs.

Ceci a été dit, écrit et imprimé un peu partout; et certes on ne peut se dissimuler que l'objection ne soit grave.

Car enfin, aux champs comme à la ville, il n'est pas bon que l'homme soit seul, et si l'agriculteur était condamné d'avance à ne pouvoir trouver de compagne, il faudrait laisser aux moines le soin de défricher le sol de France, qui serait bientôt retourné à la brousse.

Mais ici encore, je pense qu'on exagère. Oui, les jeunes gens chrétiens qui se feront agriculteurs trouveront encore, même sans trop de peine, des jeunes filles dignes d'eux, qui consentiront à s'asseoir à leur foyer. Et celles-là ne seront pas les plus malheureuses.

Peut être cependant serait-il bon que, dans les pensionnats chrétiens où sont élevées les jeunes filles, on se souvînt davantage de ces pauvres et chères campagnes qui y sont parfois un peu dédaignées.

Qu'on enseigne à ces enfants tout ce qu'elles doivent savoir pour tenir leur place en société, à la bonne heure ; mais qu'on ne néglige pas de parti pris les connaissances nécessaires à une maîtresse de maison qui vit aux champs. Car enfin toutes les femmes bien élevées ne peuvent pas habiter la ville. Qu'on les prépare, elles aussi, à la carrière agricole en la façon qui leur convient. Tout d'abord en leur inspirant le goût de la simplicité et du travail, puis en leur donnant certaines notions des choses rurales, que les futurs maris apprécieront peut-être plus que leur talent au piano ; qu'elles apprennent à tenir les comptes d'une exploitation agricole, les bonnes méthodes, — disons les méthodes savantes, — pour avoir une basse-cour modèle, une laiterie irréprochable, un potager selon toutes les règles de l'art.

Sans doute on va me traiter de rustre. Nos pensionnats de demoiselles ne sont pas destinés à former des paysannes.

— Je pourrais répondre que nous connaissons tous de grandes dames qui appliquent leurs fines mains à ces *fortes choses,* selon l'expression des saints Livres, *manum suam misit ad fortia;* et l'Esprit-Saint les en loue magnifiquement.

Mais je reconnais que j'ai abordé, en finissant, plusieurs questions délicates qui ne supportent pas d'être effleurées. Il y faudrait un livre, tout au moins un article. Nous l'écrirons peut-être un jour.

TABLE DES MATIÈRES

FIN

PARIS

IMPRIMERIE D. DUMOULIN ET Cie

5, rue des Grands-Augustins, 5

VICTOR RETAUX ET FILS, LIBRAIRES-ÉDITEURS

Rue Bonaparte, 82, à Paris.

ÉTUDES

RELIGIEUSES, PHILOSOPHIQUES, HISTORIQUES ET LITTÉRAIRES

REVUE MENSUELLE

Publiée par des Pères de la Compagnie de Jésus

Les *Études religieuses, philosophiques, historiques et littéraires* comptent plus d'un quart de siècle d'existence.

Le but de cette Revue, rédigée exclusivement par des membres de la Compagnie de Jésus, est avant tout de défendre la religion, de combattre les erreurs modernes, de soutenir dans leur intégrité les doctrines, les droits, les prérogatives de l'Église et du Saint-Siège.

Elle s'adresse à tous les hommes cultivés, prêtres et laïques.

UN AN : France, **20** fr. — Union postale, **23** fr. — UN NUMÉRO, **2** fr.

PRINCIPAUX ARTICLES

PARUS DANS LES DERNIÈRES LIVRAISONS DES *ÉTUDES*

Russes et Français, *P. H. Prélot.* — Vertu kantienne, vertu chrétienne, *P. L. Roure.* — Réclame et publicité, *P. E. Cornut.* — Réveil religieux de l'Angleterre : le Mouvement d'Oxford, *P. F. Prat.* — Bulletin des sciences sociales; les Conseils d'usine, *P. P. Fristot* — Les Capitulations et les congrégations religieuses en Orient, *P. J. Burnichon.* — Les Temps nouveaux. Les apôtres de la jeunesse, *P. H. Martin.* — Récents débats théologiques en Angleterre. L'évolution du dogme et la libre croyance au feu de l'enfer, *F. Tournebize.* — L'Éducation du Grand Condé d'après des documents inédits, *P. H. Chérot.* — Alfred Mame, *P. E. Cornut.* — Les Nouveaux règlements sur les fabriques, *P. G. Desjardins.* — Les Missions protestantes d'Angleterre en faveur des marins, *P. E. G.* — La Persécution fiscale, *P. H. Prélot.* — Les Idées-Forces de M. Fouillée, *P. L. Roure.* — Conversion et évolution de l'Église, *P. H. Martin.* — L'Empire, l'Italie et le pouvoir temporel des papes au temps de Jean VIII, *P. A. Lapôtre.* — A travers le Taurus. De Césarée de Cappadoce à Adana. Souvenirs de voyage, *P. J. Burnichon.* — L'Apologie biblique, d'après l'Encyclique « Providentissimus Deus », *P. J. Brucker.* — Un Laïque théologien en Angleterre. Le docteur Ward, *P. H. Mauvoisin.* — Deux poèmes et deux poètes. *Mes Paradis* de Richepin. *Chants du paysan* de Déroulède, *P. V. Delaporte.* — Le Salaire familial, *P. P. Fristot.* — La Théologie d'État à la Chambre des députés (séance du 17 mai), *P. R. de Scorraille.* — La Philosophie critique et l'anarchie intellectuelle, *P. L. Roure.* — La Persécution fiscale. L'Impôt du 4 %, l'impôt des 30 centimes, *P. H. Prélot.* — L'Église et le siècle, *P. H. Martin.* — De la suppression par voie disciplinaire des traitements ecclésiastiques, *P. H. Prélot.* — Verdaguer. Un poète catalan au dix-neuvième siècle, *P. E. Cornut.* — La participation aux bénéfices, *P. P. Fristot.* — Le Parlement des religions à Chicago et les programmes d'union religieuse, *P. E. Portalié.* — La Vie progressive de l'enfant, *P. L. Roure.* — M. Brunetière, *P. E. Cornut.* — La Question de Madagascar, *J.-B. P.*

PARTIE BIBLIOGRAPHIQUE

(Ancienne Bibliographie Catholique)

L'abonnement part du 31 janvier : il est annuel.

France, 12 fr. — Union postale, 13 fr. — Un numéro, 1 fr. 25.

Pour les abonnés des **Études** : France, 7 fr.; Union postale, 8 fr.

www.ingramcontent.com/pod-product-compliance
Lightning Source LLC
LaVergne TN
LVHW021748170726
843503LV00004B/1766